室内手绘

西班牙高等艺术院校专业绘画课程

姚云青 译

人民美术出版社

北京

Original Spanish Title: Dibujo a mano alzada para diseñadores de interiores

© Copyright ParramonPaidotribo—World Rights

Published by Parramon Paidotribo, S.L., Spain

This simplified Chinese translation edition arranged through THE COPYRIGHT AGENCY OF CHINA

著作权合同登记号：01-2013-6419

图书在版编目（CIP）数据

室内手绘 / (西) 哈维尔·希门尼斯·加泰罗尼亚,(西) 戴维·奥尔特加·戈麦斯著；姚云青译. -- 北京 :人民美术出版社, 2017.11
ISBN 978-7-102-07788-8

Ⅰ. ①室… Ⅱ. ①哈… ②戴… ③姚… Ⅲ. ①室内装饰设计－绘画技法 Ⅳ. ①TU204
中国版本图书馆CIP数据核字(2017)第225381号

室内手绘

编辑出版　人民美術出版社

（北京北总布胡同32号　邮编：100735）

http://www.renmei.com.cn

发行部：（010）67517601　（010）67517602

邮购部：（010）67517797

翻　　译　姚云青

责任编辑　薛倩琳

装帧设计　于　童

责任校对　马晓婷

责任印制　刘　毅

制版印刷　北京图文天地制版印刷有限公司

经　　销　全国新华书店

版　次：2017年11月　第1版　第1次印刷

开　本：710mm×1000mm　1/16

印　张：11.75

印　数：0001—5000册

ISBN 978-7-102-07788-8

定　价：58.00元

如有印装质量问题影响阅读，请与我社联系调换。

Text:
JAVIER JIMÉNEZ CATALÁN
DAVID ORTEGA GÓMEZ
Exercises:
JAVIER JIMÉNEZ CATALÁN
DAVID ORTEGA GÓMEZ
Photographies:
Estudi Nos & Soto

室内手绘
FREEHAND DRAWING FOR
INTERIOR

姚云青 译

人民美术出版社

目录

前言

绘画技术是室内设计师在工作的各个阶段都会使用到的基本技能：最初的创意用草图来展现，在此基础之上很快扩充成一整张纸的"创意—画面—创意"的展现。效果图通过体积、阴影、纹理、颜色和环境等元素，向观众传达空间的实际感觉。建筑工程图则通过明晰的指示，告诉各个行业的工匠如何完成工作。在室内设计的工作中，上述这些都是常见的设计绘画的例子。本书将重点介绍手绘作图，我们相信，在设计师的工作中，该技能的掌握是不可或缺的。只要一支笔、一张纸，设计师不用起身，就可通过画面实现空间和物体的移动，展示不同的纹理和材质用于搭配或比较，甚至通过电脑技术，将这些作品作为个人的代表作推出，在一个全球化的、统一的语境下，打造个人的品牌标签。

培养时刻从自然界中获取灵感并作笔记的习惯同样是一项有益的练习，通过这种方式，可以对我们在街上或旅行中所获得的灵感加深印象：别具一格的造型，色彩的组合，建筑细节、纹理等等。

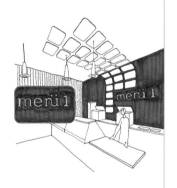

"我们说得太多了。我们应该少说一些，多画一些。我个人喜好通过绘画，来传递我要说的话或进行沟通。"

阿尔奈·雅各布森

在一本旅行笔记本中画下这些，也许日后它们将成为你设计的灵感。

本书源自室内设计师在工作和教学过程中的经验总结，也参考了其他设计规范和艺术设计。各个章节的顺序对应了设计师在设计过程中不同阶段的绘画类型，几乎涵盖了室内设计工作中的所有手绘需求：作为基本的图形展现方式，每个设计师都应掌握必要的手绘技巧。同时，本书还介绍了颜色、光影关系等。

绘画及其教学法在不断进步。今日的绘画教学与15年前的已经截然不同，因为相关的理论已经与过去大不相同。因此，从教育者的观点出发，我们对相关的课题进行了改写，使其能够符合当代设计手绘工作的实际需求，但同时也尽力确保，读者通过本书，能够理解与掌握绘画的一些基本原理。

本书致力于介绍职业发展所需的各种绘画方法的基础，读者可将本书作为参考资料进行查阅，拓宽知识面。

我们希望通过本书，鼓励读者积极作画，无论是在办公桌前，还是在大街上，以及在工作中和个人体验中，都能感受到完成一幅画面时的成就与快乐。

巴塞罗那一间民宅的前庭装修项目。使用水溶性彩铅所作的透视画。该设计方案环绕主柱，将空间打造成一座花园。四周的墙面用花卉图案装饰。

哈维尔·希梅内斯·卡塔兰

1996年完成巴达洛纳帕乌·加加洛学院室内设计专业的学习，2006年在巴塞罗那的Llotja艺术学院完成图形设计学习，并曾在巴塞罗那大学艺术系学习。他是一位独具个性、多才多艺的设计师。他与大卫·奥尔特加共同成立了Criterio工作室。哈维尔获得过多项图形设计奖项，多来自于他在企业形象设计及海报设计方面的成就。目前，哈维尔正在开发一项旨在辅助读写能力习得的图像文法及画面设计项目。

大卫·奥尔特加·戈梅斯

1996年完成巴达洛纳帕乌·加加洛学院室内设计专业学习，并在同年与哈维尔·希梅内斯联合成立Criterio工作室。Criterio工作室主要承接图形设计、工业设计等工作，其室内设计项目表现尤其杰出。工作室也与其他机构合作。自2006年起在巴塞罗那欧洲设计学院担任教授工作，并发表多项研究成果。近年来，出于个人兴趣及教学工作需要，大卫积极投身于各种助力个体开发创造潜力的工作。

绘画工具、应用及图形资源

随着表现技术不断进步，很明显它们不再仅仅局限于是一种画面的表现工具。

——费尔南多·拉莫斯，巴塞罗那高等建筑学院（ETSAB）

绘画工具

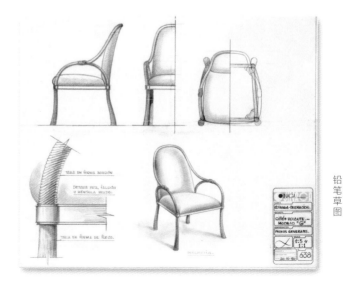

卡洛斯·吉尼亚加
「G」型椅子设计图
铅笔草图

及其特性

　　对于画者来说，绘画的工具是不断发展的。直到有一天，当我们感到手中的工具与自己的手仿佛融为一体，那就达到了最理想的境界。室内设计师用来手绘的材料在最近几年来变化不大；除此之外，很明显的，还有电脑绘图工具，我们通常用它来创作而非修改图形。绘图工具的质量在一定程度上会影响绘画的过程以及最终的成品，因此，一个建筑项目最终成功与否，也会受这方面的影响。另一方面，在一个项目实施的各个阶段都会使用固定的工具，同时每个设计师在运用自己的工具时，都有自己独特的方式。所有这些因素的综合最终丰富了画面。

石墨及其不同硬度

这种工具可用来描绘和传达各种画面，从抽象的到精准无误的信息皆可。通过它，可以绘制出各种不同程度的灰色，直到最深的黑色，以及不同的线条。石墨根据其硬度分类，根据名称，涵盖从8B到9H的各种硬度。8B是所有铅笔中最粗、最软、颜色最深的。其次是7B、6B直至B。在B之后，分类继续命名为H、2H、3H……直至9H，所有这些类型的特点与B正好相反。

应用

艺术绘画中更偏向使用软一点的石墨，更方便用线条来表现效果。一根线条的颜色可以从淡淡的灰色发展到深灰色。起笔时笔触可精巧细腻，而收笔时则线条粗犷，富有表现力。用石墨可以打阴影，很快就能涂出大块面积。然而，石墨越软，纸就越容易弄脏，同时笔尖越容易失去锐度和准确性。进行立体手绘时，使用的石墨范围是5B到5H，而技术类图纸使用的硬度范围则是HB到9H。使用该范围的硬度能画出一致的线条和灰色的色度。当在同一幅画中使用不同硬度的石墨时，应确保它们出自同一厂商，因为不同品牌的石墨的硬度也会不同。

铅笔是唯一一种涵盖了所有硬度的石墨材料。

在初步构想阶段，方形和圆形的石磨棒都是合适的选择。

5mm笔芯自动铅笔

0.35mm（A），0.5mm（B），0.7mm（C）和2mm（D和E）自动铅笔。配备一套会用到的各种硬度的自动铅笔会很方便。

尝试使用艺术绘画的材料，如炭笔、压缩炭笔和康特铅笔。它们很有意思。

石墨棒

石墨棒有不同的尺寸和类型（圆形、长方形、六边形）。市面上能够买到软石墨棒，没有硬的，因为软石墨棒适用于艺术绘画。这种材料也便于快速地捕捉灵感，因为它不需要经常削笔。大尺寸的石墨棒在绘制大面积的图形时很方便，因为它在纸上画线条时不会画歪。

铅笔

这是设计师手绘时的杰出工具。轻便，很快就能上手。但使用时旁边必须备好卷笔刀。

自动铅笔

除了各种硬度的笔芯外，自动铅笔还有直径从0.35mm到2mm不等的精细笔芯。非常适合绘制技术图纸。它的笔头很细，而且不用削。

自动铅笔的笔芯分不同的直径和硬度出售。

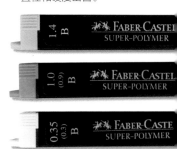

石墨的功能强大，能够伴随我们完成整个项目。从最初的构思草图到绘制用于执行的平面图都可以用到它。

在每天的工作中，设计师都会使用与墨水紧密相连的工具——毡头笔。这种工具的与众不同之处在于，毡头笔和圆珠笔适合绘制粗细一致的黑色线条，而如果使用钢笔或者尖头笔，虽然也能画出同样的线条，但宽度会有所变化。而使用笔刷或者中国毛笔的话，线条粗细的变化范围极其广阔。

用墨水绘画

心理方面

用墨水绘画意味着你所绘制的每一步都无法撤销。这对心理会有很重要的影响，绘制的每一根线条都是不可抹除的，这就逼迫我们思考成熟之后再下笔，想好每一根线条从哪里开始，到哪里结束；需要想好细节，包括线条的力度、造型的简化、画面的框架、透视角度的选择，等等。知道无法反悔是有一定的好处的，虽然这有可能会令我们感到紧张；但反过来，这也有助于我们专注于画面。

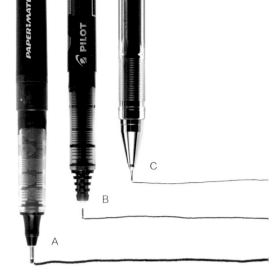

毡头笔和圆珠笔的线条：纤维材质笔尖的毡头笔，能画出0.8mm宽的线条（A）。尖头钢笔，液体墨水，线条宽度0.5mm(B)。尖头钢笔，调胶墨水，线条宽度0.5mm（C）。

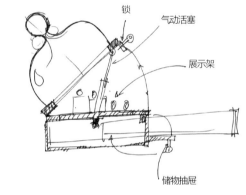

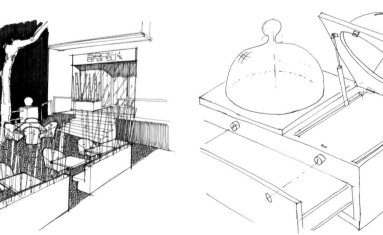

酒吧露台区透视图，粗笔头斜面毡头笔绘制的斜面。哈维尔·罗塞约作品。

等角透视的局部立体手绘图，为某服装店设计的珠宝展示台。

根据笔尖的功能毡头笔可以分为：斜面纤维粗笔头，4到12mm（A）；圆形纤维粗笔头，1.5到3mm（B）；中等粗细纤维笔头，1mm（C）。

圆珠笔

圆珠笔的笔芯有不同的半径尺寸，但范围有局限性。建议时刻随身携带一支。圆珠笔根据笔尖的不同分为：尖头的和圆头的。也可以根据墨水种类分类：液体墨水、油基墨水和胶状墨水。其颜色从一种到五种不等。用它可以在任何地方很方便地绘制工业立体草图，或为客户绘制透视图。

细毫笔尖纤维毡头笔

这是很精细的毡头笔，有不同的直径尺寸，从0.05到1mm不等。细毫的笔尖非常娇贵，因此建议不要把它放在绘图桌的边缘。

中等及粗笔头的纤维毡头笔

这种笔的笔头很粗，有圆面和斜面之分，所售的颜色种类非常稀少。这是功能强大的工具，在项目进程的任何阶段，都可以用来进行补充绘画：从素描草稿到透视效果图再到现场绘画等等。

细毫笔尖纤维毡头笔，根据线条粗细区分。

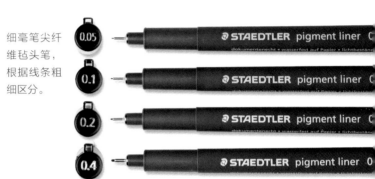

巴塞罗那埃桑普勒区住房改建项目。起居室与廊台素描。用0.4mm尖头圆珠笔绘制，调胶墨水。

颜料盒与毛笔

色彩及运用技巧

在室内设计中，会运用色彩来描绘接近现实的多彩表面，烘托气氛。其成效及应用的速度，决定了我们能否将其实际执行到作品中。加入色彩有两个目的：一方面，它能大致反映我们将实际应用于家具、装饰品、布料等元素的色彩，以及观察整体是否和谐；另一方面，能显示出我们为自己设计的空间所选择的配色。

水彩画

水彩画的特性之一在于它的透明质地，可以透过一层颜色看到它下面的底色。使用水彩时，身边要时刻准备好一块干净、干燥的布，用于清洁毛笔，并在落笔于纸上后，吸去渗出来的多余的水。绘画时，画纸应微微倾斜，并且要从上方开始作画，以淡化毛笔的水迹。画面中最精彩的白色区域要事先留出，这是"绘制"留白空间的手法。

一个饭店设计项目的透视图水彩画。我们可以观察到这幅水彩画是在铅笔打底的基础上上色的。如果用墨水打底则需要多加注意，因为有些墨水遇水就会融化染色。

可更换颜色
的毡头笔，有
三种不同的笔尖，
分别对应不同的墨水。

毡头笔

　　事实上，这种工具因其快速与便捷性而最受欢迎。在选择品牌时，要考虑以下几个因素：要有广泛的色彩范围可供选择，笔头可以更换，有不同粗细、不同形状的笔头可供更换，等等。画同样的颜色时，可以用粗笔头画几根平行的线条。使用这种技巧需要将最高亮的区域空着不画。而要使高亮色调暗下来时，需要用一层同样的或类似的颜色去覆盖。

混合技巧

　　色彩的运用是带有个人色彩的，没有两张是完全一样的画作。在很多情况下，我们最满意的结果来自多种不同技巧的混合，但目的都是追求功能多样、成效迅捷。尽管每个人所习惯的绘画步骤各不相同，但总之我们了解的技巧越多，能运用的资源也就越多，最后的成果也会越丰富。例如，用白色水粉和修正笔，可以画出倒影，而用其他方法来画就会难得多。

用毡头笔画的透视图，描绘通往
卫生间的走道。一个酒吧项目。

除了学习绘画和用色的技巧，室内设计师还应不断提高对纸张的要求，了解在项目进程的每一刻，每种技巧最适用的纸张种类。

合适的纸张

初步阶段及素描

在开始时期，可以使用最经济的纸，如再生纸等。使用DIN A4或Letter规格的纸张，更方便运输和保存。无论何时都建议从白纸开始。要尝试多样的纸张还可使用硫酸纸（半透明、经济实惠），也可一张张尝试各种不同的材质，直到找到最适合的为止。

每幅作品的纸张选择都很重要。尽管如此，与市场上提供的万千选择相比，室内设计工作中所用到的纸张类型还是相对局限的。

二维视角

在工作中，一张DIN A4或Letter尺寸、80g/m²的纸张是最合适的。绘图时通常得站着，这种大小用起来最舒服。而在绘图桌上工作时，DIN A3或者Ledger尺寸会很合适，它们能提供二维视角。这种方式给我们提供的视角很开阔，能够观察到纸上的备注文字、建筑细节，或是在小范围内看到清楚的全景。

项目进行过程

当项目进展到这一阶段时，我们需要一幅用毡头彩色笔描绘的全景图，这时我们用纸的材质应该是缎面和亚光的。选用缎面材质，是因为若非如此，纸张会吸收过多的墨水，造成无谓的浪费；而选择亚光是因为如果纸面过亮，墨水会在表面流淌。市场上有一种专门用于毡头笔彩绘的画纸。如果使用水彩作画，更适合的是孔隙较多、织物质地的纸，这样可以把色素保留在孔隙内。纸张的重量建议最少要达到350g/m²，低于这个重量的话，画纸会被弄皱。而在混合了不同的技巧作画时，则需要找到中间介质的纸，而且克数要再高一些。

泡沫板纸

这种材质很硬、很轻，其厚度从2mm到20mm不等。在市场上能买到各种不同颜色和大小的泡沫板。它们通常被用来做项目展示或是搭建模型。

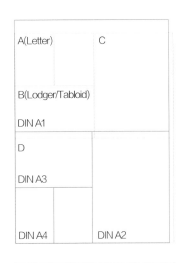

艺术用纸的常用尺寸。基本的尺寸是50cm×70cm以及100cm×70cm。

在使用泡沫板创作时，建议先把原作品贴在该材质上，最好再喷一层胶粘剂。然后再裁剪泡沫板：要预先留下一些剩余空间，或者正好沿着贴在板上的原画边缘，留"出血"。这样可以防止贴上去的这层原画的厚度被发现。

欧洲标准的DIN纸张尺寸规范（橙色线框表示）。DIN A4是DIN A3纸张尺寸的一半。而A3则是DIN A2纸张的一半，以此类推直到A0，最后一种几乎接近一平米。在美洲大陆通用的ANSI尺寸规范也有类似的标准（绿色线框表示）。在工作中，最常用的是Letter规格，之后是Ledger或Tabloid尺寸，以此类推，直到ANSI E尺寸。

不同厚度的泡沫板纸。根据纸张大小的不同，我们会选用不同厚度的泡沫板。如要给一张DIN A4或Letter规格的纸张做底板，我们会选用3mm的泡沫板；而如果是要撑起DIN A2或者ANSI C尺寸的纸张，则更推荐5mm的泡沫板。

辅助工具

在一个室内设计师的工作室中，永远不能少了这些辅助材料和工具。接下来我们会详加描述，尽管这些工具也常常用于其他各种工作中。

橡皮擦

市场上有许多橡皮擦可供选择，但推荐使用乙烯基的。它们持久耐用，体积小巧，还可以用小刀切成细条，这样擦起来更精准。用橡皮擦石墨时会沾上石墨，所以每次使用前要先检查橡皮是否干净。

卷笔刀

卷笔刀是用来削石墨笔的。它主要根据可容纳插入其中的石墨笔的直径尺寸来分类。尺寸最小的迷你卷笔刀是用来削细炭笔的，直径只有2mm。其次是削铅笔的，然后是削石墨棒的。建议使用时在旁边备好垃圾桶丢弃碎屑，因为石墨的粉尘很容易把画面弄脏。

直尺和三角尺

我们偶尔会用这些工具来画平行线和垂直线，它能提供30°、45°和60°的角。最好不要有曲面。

用于削细炭笔的卷笔刀，直径2mm（黄色）。削铅笔和圆头石墨棒的卷笔刀（铝制），以及带笔屑收纳功能的卷笔刀（蓝色）。

各种橡皮擦

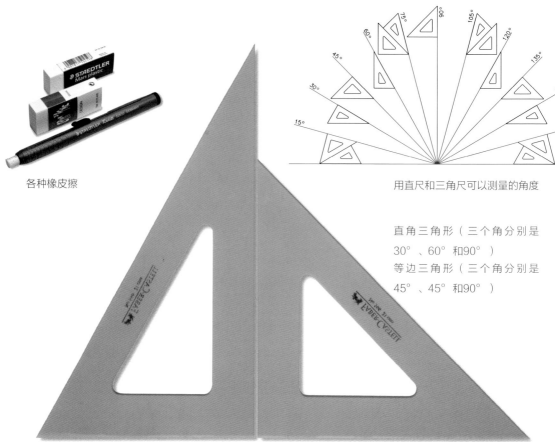

用直尺和三角尺可以测量的角度

直角三角形（三个角分别是30°、60°和90°）
等边三角形（三个角分别是45°、45°和90°）

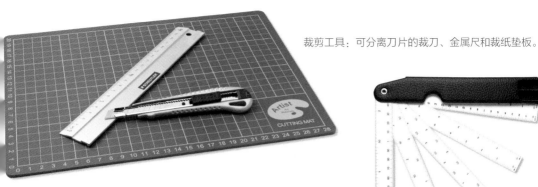

裁剪工具：可分离刀片的裁刀、金属尺和裁纸垫板。

裁剪工具

　　画室内设计草图时经常需要裁纸。裁纸时，必须要先准备好一块裁纸垫板、一把可替换刀片的小刀，以及一把裁纸专用的金属尺。操作指南：刀片在不用的时候必须收起来。裁剪时，要把裁剪用的尺子贴着需要裁剪的画纸或泡沫板的边缘摆放，这样即使裁纸刀没有贴着尺子划，也只会裁坏多余部分。在裁剪时，裁纸刀应该与纸面呈15°倾斜角，并重复单一的移动。泡沫板分两次切割。裁刀刀尖需经常打磨。

测量器

　　这种工具是用来测量一个平面的尺寸，从而推断它的实际规模。测量器有好几种形式，但功能都是一样的。可以是30cm或者15cm的三角形尺，也可以是扇形的。

色卡

　　通过这种工具，我们可以比对想象的颜色和实际应用的颜色。常见的NSC色卡通常用于艺术绘画，RAL色卡多用于金属上的绘画，而潘通色卡则常见于图形设计。

扇形量尺。不同的扇面上有不同制式的刻度。

三角形量尺。每一面上有两种不同的刻度。

NSC色卡，展示了不同色阶与色调的各种蓝色。

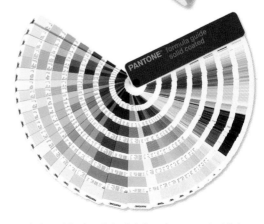

潘通色卡，囊括广泛的色阶变化，多用于图形设计中。

从上到下：水平仪、塑料卷尺、伸缩卷尺和测距仪。

作品测量工具

我们用这些工具测量建筑空间的尺寸，从而绘制平面图和尺寸图等。

量尺

我们用它测量距离。基本上，量尺有三种类型：金属卷尺（也叫可伸缩卷尺或者米尺）、塑料卷尺和测距仪。伸缩卷尺可用来测量10米以内的距离。卷尺的宽度要足够宽，在测量时才能绷直，尤其是在量高度的时候。塑料卷尺可用来测量长达50米的距离，但需要另一个人协助。测距仪通过激光测距，有不同型号，最长可以测量200米的距离。

水平仪

这是一种测量尺寸时的辅助工具。它并非必需品，但有它工作会更方便。

画板

在绘画时需要有持续坚固的底板做依托。我们可以把一张DIN A4或Letter规格的纸放在画板上，并用夹子固定。

带有固定夹的绘画板

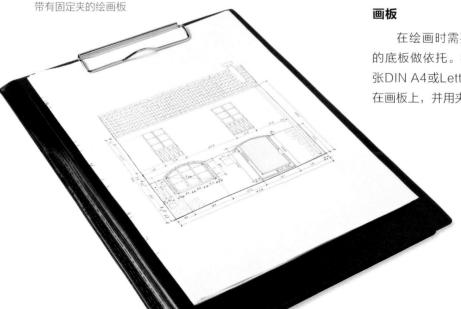

头灯

头灯

这种工具通过一圈橡皮绳固定在人的头上。在住房和商铺装修时，经常会碰到没有电灯、自然光也无法照进内部的情况。使用这种灯，就能在黑暗中进行测量和绘制，同时双手还能自由活动。

指南针

确认一个建筑或地区的朝向是很有趣的。有时候仅靠判断太阳的位置就能知道，但也不妨用指南针来协助测量，这样我们对方向的判断就能更加精确。在研究房屋的风水时，需要精确的朝向角度，因此中国有一种特殊的指南针叫做"罗盘"。它把360°分为24个方向，其中的同心环互相叠加，囊括了堪舆学所需要的一些信息。

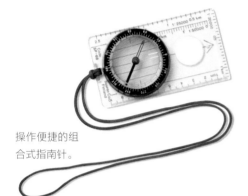

操作便捷的组合式指南针。

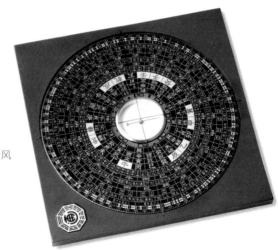

罗盘，用于中国风水术的指南针。

数码相机

数码相机

通过它，我们可以很方便地记录下空间、环境、比例、颜色等信息。而且，如果忘记了某部位的高度，根据照片内的图片比例也可以很容易地推算出来。

这些工具在室内设计工作中也是必不可少的。在项目进程的任何一个阶段，都有它们的用武之地。除了合适的软件外，与绘画相关的还有下列推荐使用的工具：

数码工具

扫描仪

Letter及DIN A4大小规格的扫描仪

我们可以扫描一张画面、一张照片、一幅平面图等等。常见的扫描仪可扫描的页面尺寸通常是Letter、Legal或DIN A4，也建议准备一个能扫描Ledger或者DIN A3大小纸张的扫描仪。

数字绘板

DIN A4尺寸的数字绘板。它还配备一个做成铅笔形状的数码光标，能够帮忙绘制线条。

这是与纸张最为接近的数码产品。这套设备包括一张平板和一支数码笔，能够模仿石墨、钢笔、毡头笔等各种效果。我们可以用它从零开始绘画，也可以先把纸上的原稿扫描进电脑接着绘制。数字绘板的发展空间极大，但所需的绘画基础知识还是和传统绘画一样的。

打印机

所有的室内设计师都应该配备一台扫描仪，它应该至少能打印最大尺寸为Ledger或DIN A3大小的纸张。

宽型滚筒打印机，能够打印Ledger和A3大小的纸张。只要纸张合适，它就能够打印出高质量的画面。

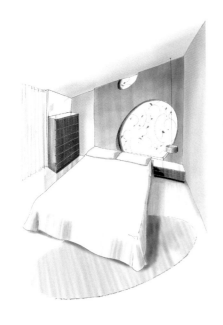

用数字绘板绘制的透视图。一个住房装修项目中的卧室设计。

与传统方式相比，数码产品的一大优势就在于能够随时修改作品。例如要改变这间房间的颜色设计时，我们不需要回头再画一遍整幅画面。

用数字绘板绘制的素描。一幢楼的大厅公共空间设计。

软件

　　设计师使用的图形处理软件分为两种：一种是生成矢量图的，一种是将图形光栅化的。矢量图是由一个个单一的独立元素组成的——一个长方形、一个椭圆形等等，每个元素带有数学参数，如位置、区域、长度等。这些数学元素便于处理，在遇到改变（如旋转角度、改版大小或移动）时，图片不会因此损失质量。有些软件用的是这种图形处理模式，而创意手绘要用的则是另一种，如Adobe Illustrator和Corel Draw。这种光栅化图形就是位图，其中的一个个像素构成这幅画面的最小单位。在从扫描仪或数码相机中导入画面时，这幅画面会以位图的形式保存下来。这种图形处理软件中最有名的就是Adobe Photoshop。了解如何通过市面上的各种软件，将图形在矢量图与光栅图之间互相转化，也是一件很有意思的事。

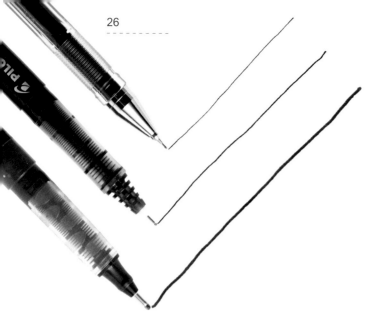

线条、

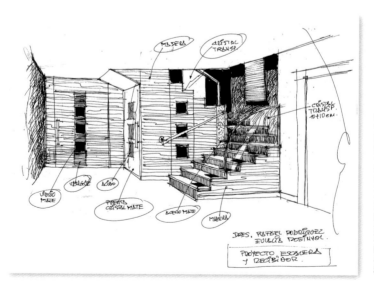

阿曼多·索拉
住宅爬梯和入口的改造项目
带有标记 PUNTA 国际泳联的手稿

网格与阴影

　　绘画是一种用线条为自己或他人展示我们的所思所想或所见之物的方式。传统意义上的绘画是由点、线、面组成的，这也是所有画家、雕塑家、建筑师、设计师等人的起点。

　　一个项目中的每幅画面都是为了完成某个特定的目的而绘制的，因此所要求的完整度也不同。也就是说，寥寥数笔绘制的素描就能够把握某个空间概念，而为了向客户解释某项目，我们要画一幅全景图，但不能说前者的完成度就不如后者。

尝试绘画素材

学习任何技巧都有一个起步阶段。在绘画方面，可以说没有人是从零开始的，因为我们多多少少都曾经有过些信手涂鸦。然而，许多人面对一张白纸时，还是感到这是自己第一次画画。

如何对自己的作品建立自信

一个最常见的顾虑是，我们总想把每条线都画得尽可能笔直，一气呵成。为达到这个目的，我们建议进行几种不同的练习，例如画平行线，把每条线都画得尽量长。通过这种练习，我们能够建立自信和新鲜感，而在实践中也能发现一些小窍门：例如旋转纸张、从起笔时就固定好终点的位置或者在排阴影时屏住呼吸等等。

学习绘画的过程，也是在学习观察

我们需要观察、记忆、捕获和验证自己画下的画面是否等同于所见之物。在学习绘画的过程中，随着一次次重复这套程序，我们的观察技巧也将有所增强，而持续不断观察和分析的态度也将是成为室内设计师的基础。

到了学习的第二阶段，我们将不仅停留在观察物品上，还要能看出它的材质，并在画面中加以捕捉。与此同时，还需要不断尝试各种不同的绘画工具和呈现方式，直到最终形成自己的风格。

我们要展现的并非一个物品或空间，而是构成它的材料本身，就好像通过放大镜看事物。这样我们的绘画才不再只是形似地模仿，而能够展现事物本身的实质。许多作品已经真实地展现了所绘之物，而另一些作品则只是在尝试画出材质而已。在绘画中没有界限规定，没有评判标准，我们的主要目的就是观察和描绘。

我们并不仅仅局限于画出物品的质感，还要展示出这些质感背后的意义，而在很多情况下素材是重复的，它与画面的繁复程度以及画面大小都有紧密的联系。

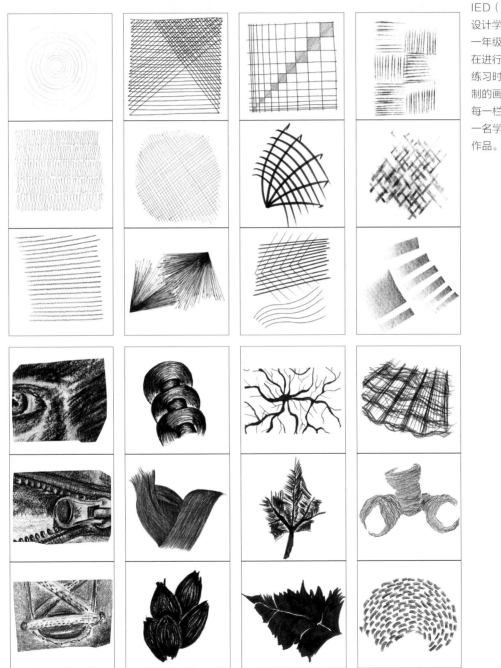

巴塞罗那IED（欧洲设计学院）一年级学生在进行上述练习时所绘制的画面，每一栏代表一名学生的作品。

了解绘画的重要性

莱奥纳多·达·芬奇曾经说过，点是构成一个几何形状的基础，但是点本身是不占体积的，因为它是抽象的。而一条直线则是一个点移动时形成的轨迹，因此线在理论上也不占体积。这种理论在现实中得到了充分的证明，观察真实的物品，你会发现线本身并不存在。但我们可以用线条来描绘真实存在或可能存在的事物。

室内设计师与绘画

在室内设计师的脑中有两种形象画面，之后会将其画出。第一种是根据观察，精确描绘的空间或物品本身的形态。另一种则是以实际事物为基础，所拓展的想象画面，设计师通过它来设想目前还不存在的情境。通过绘画，我们能发展空间认知能力，并对其表现形式有更敏锐的理解。

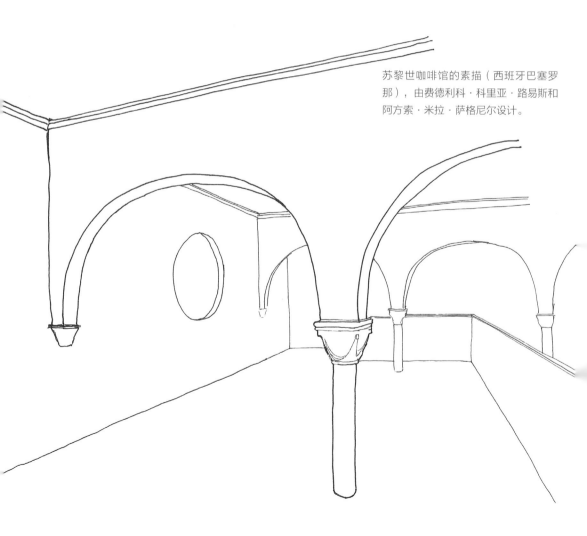

苏黎世咖啡馆的素描（西班牙巴塞罗那），由费德利科·科里亚·路易斯和阿方索·米拉·萨格尼尔设计。

在角落的位置，要由观察者本人来
决定哪里是亮面，哪里是暗面。

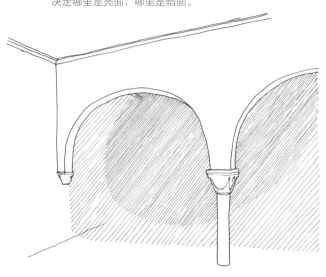

造型与空间

在绘画时，我们会将注意力集中
在所要描绘的物体上，而忽略其他的
事物。也就是说，在我们的脑海中自
动过滤掉了背景的形状。这是将实际
物品以抽象的形状画在纸上的剪影，
因此其形状本身被局限了。但实际
上，在画出物品本身的形状，并将其
余部分分离时，我们同时也在绘制物
体的背景，两者不能分离出来独立存
在。但要注意，描绘物品剪影的线条
应该用来画物品本身，而非背景。

阴影画

为了突出强调物体的边缘部分，我们也要学
习观察阴影，也就是说，看光的缝隙并学习如何
去描绘它们。为了实现这一目标，我们要先重叠
地画两层画面，从中就能复制出我们需要绘制的
间隙层。用阴影部分呈现画面，意味着我们要将
画面作为一个整体，而非各个部分来描绘，以防
止画面元素失真的情况出现。

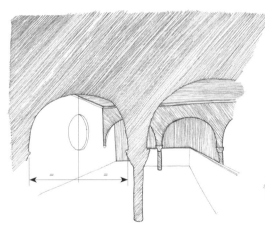

当视线穿过一个角落时，会被吸引到其中中空
的部分，而忽略三维立体的整体。

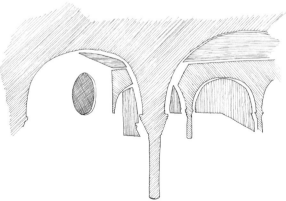

最终，这个角落被割裂为各个部分，看
它就像看拼图中的一片片。

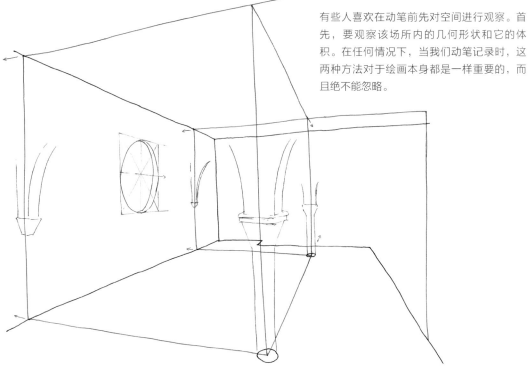

有些人喜欢在动笔前先对空间进行观察。首先，要观察该场所内的几何形状和它的体积。在任何情况下，当我们动笔记录时，这两种方法对于绘画本身都是一样重要的，而且绝不能忽略。

绘画

在绘画的过程中，要有意识地对我们所了解的和我们所看到的事物的不同之处加以区分。弗朗西斯·陈在他的作品《绘画与设计项目》中曾说过："我们所描绘的事物，通常是我们对该物体所知与所见的结合。"当我们把对物品的分析与我们所感知到的真实结合得越平衡，所绘出的整体效果便越精确。

对物体本身的分析包括它的几何形状、外观等等，而感性则源于经验。每张画都是不同的，因此在我们绘画的过程中，要逐步权衡这幅画应该更偏理性还是更偏感性。绘画过程本身会给出导向。

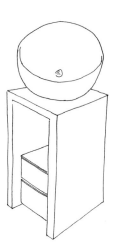

如果一幅画看起来不能令人信服，那这就是一幅失败之作。在这幅画面中，作者想将圆形作为洗手池的主要特征进行描绘，尽管我们看到的是一个标准的椭圆形。这样做的后果就是，为了看见洗手池内部，排水口出现在了不正确的位置（见右图）。

感性与细微之处

要想通过绘画的形式，使人对一个物品和空间有彻底的了解和认知，光靠描绘出侧面的线条是不够的。在该物体的形象中也要包含层次、颜色、材料等元素的变化，因此，画面应该是接连不断的、被分割的短线条的组合。这些线条或分散，或连接，或出现，或消失。观察和经验使我们能对此更为敏感，帮助我们发现物体中的细微变化而不至于忽略。

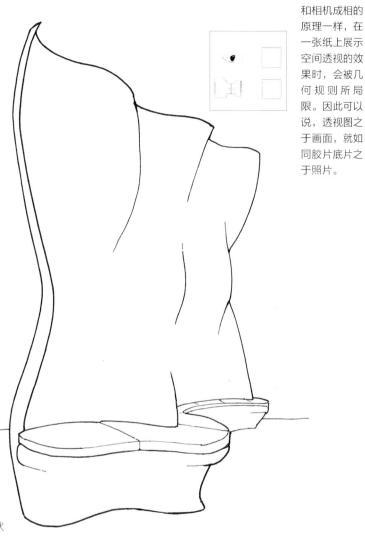

和相机成相的原理一样，在一张纸上展示空间透视的效果时，会被几何规则所局限。因此可以说，透视图之于画面，就如同胶片底片之于照片。

诺曼酒吧的带长凳的装饰墙（英国，利兹），由JAM设计。如果画这堵墙的正视图，会看见一个内部不带任何曲线的长方形。这张墙壁设计稿原本也会偏离事实，但通过从顶部向下蜿蜒的曲线，以及线条出现和消失的方式，画面体现了墙面波浪形的形状特征。这种形状很难用几何分析的手法去展现，因为它的形状特征被深深地隐藏了。

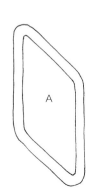

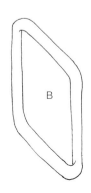

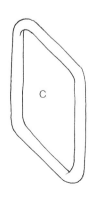

假设要画一个环形管的结构，可能会发生以下几种情况：

A.如果是一个初学者，很可能他所画出的形状、视角和空间占比并不完全精确。

B.如果是一个更有经验的作者来画，就不会忽略其中的细微之处，使画面能够与实际情况相吻合。

C.然而，哪怕一个微小的错误，都会导致画出来的东西无法成立。

色调：在纸上展现现实

色调的使用能体现出许多特征，如物体的造型或是实际色彩的参考，这些仅仅用线条是无法呈现的。而这两种特征都是用网格来表现。

把色度十等分，从白色开始逐渐过渡到全黑。同样的，在中国画、水彩画、油画中也能反映出色度。

网格与材质

有一种现象，一个物体的表面是由同质元素的复数集合所组成的。布鲁诺·穆纳里在他的作品《设计与视觉传达》中这样描述这种特性："……每种织物都是由多个相同或相似的元素所组成的，在一个二维的表面上方，它们之间分布的距离均等或近乎均等……"

色彩与色调

每一种颜色都吸收或反射了一定量的光，因此，每种色彩都各自对应一种不同的色调。通过一种简单的方法，能够找出一个色彩对应的色调：在观察物体时，将眼睛眯起来。这时在一块区域所留下的色彩，就对应着它在光谱中的位置，而该色彩吸收或反射的光则来自光谱中的其他颜色。

色度

在绘画中，色度指的是通过阴影层次的差别，体现光和影的效果。一种常见的方法是

一些色彩的色调估值。色彩本身会相互影响，因此应该要观察整体效果而非单一颜色。

豪华套房中的扶手椅，贾维尔·马里斯卡尔，毡头笔绘制。

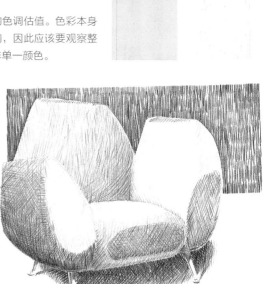

铅笔素描扶手椅。

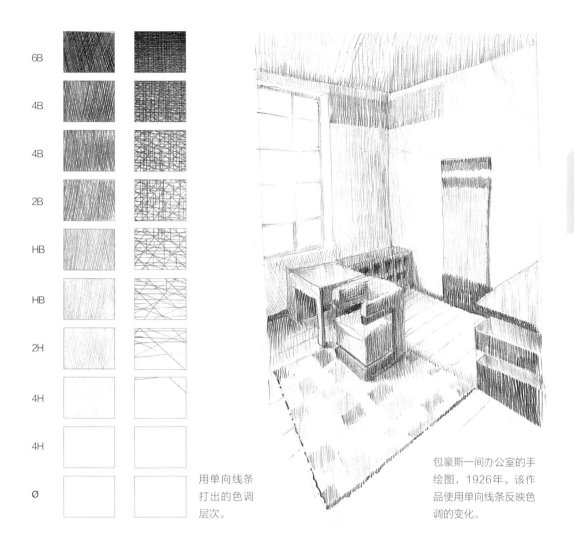

6B		
4B		
4B		
2B		
HB		
HB		
2H		
4H		
4H		
Ø		

用单向线条打出的色调层次。

包豪斯一间办公室的手绘图，1926年。该作品使用单向线条反映色调的变化。

用网格反映色调的技巧

正确的色调可以通过画面的层叠来体现。色调越高（即越明亮），图层便越少。根据布鲁诺·穆纳里的定义，网格中的线条构成了物品的材质。如果用细的毡头笔作画，可以通过加深网格来反映色调的深度。但如果用铅笔作画，那除此之外，还要通过调整笔尖在纸上着力的程度，以及炭的硬度来增加阴影的浓度。最好我们能对色调的整体跨度有所把握——从白纸的颜色到尽可能深的黑色，从而反映出空间感与体积。

单向线条

这种线条打出的网格可长可短，可以画渐变的深度，也可以保持阴影浓度一致。通过将网格轻轻地一层层覆盖上去，能够逐步产生阴影效果。当网格线较短时，我们能够画出一种光线互相交错的效果，体现材质的统一。网格的线条可以朝任何方向画，但是在进行创意手绘时，最常见、也是最方便的画法是画斜线。

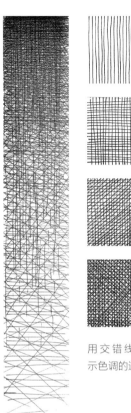

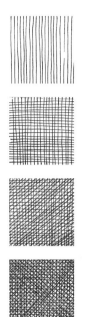

用毡头笔打交错
线条网格，画出
一座楼梯。

用交错线条表
示色调的进阶。

交错线条

在同一图层中，所画的线条最好始终保持平行。然后再打上第二层线条，构成网格时，将线条的角度旋转，与第一层的线条形成90°。第三

用尖笔头的毡头笔打的交错线条网格，通过网格线条的疏密程度体现色调的进阶。

根据物体造型打线条。网格中的线条不但反映了色调的变化，还加强了造型感，体现了空间与景深。蛋椅，阿尔奈·杰科布森绘制。

层与第二层之间形成45°，第四层再次与第三层形成90°。如此这般，我们便能将网格的层次逐步加深。画到这里还只有五层（包括白纸的第一层在内），因此色调的转变还很生硬。如果有兴趣，我们可以再以15°、30°等角度依次加深，直到循序渐进地绘出一个在8°到10°之间的色调深度。

根据物品的形状画线条

用这种方法，我们强调物体的造型本身更甚于描绘它的色调。要掌握这种技巧需要更多的实践，但它能够呈现出一些十分精彩的效果。除了加强物体的造型感，通过减少网格中的线条，我们还能制造出景深的效果。

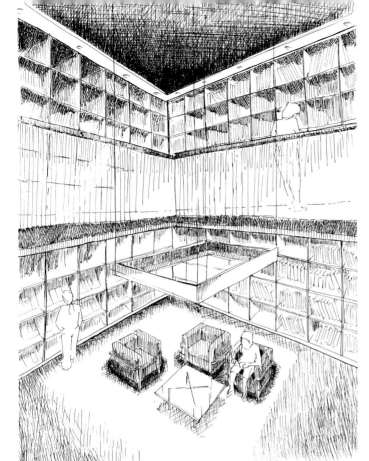

图书馆内部：在这幅画中随机使用线条，用尼龙笔头的毡头笔，以不同的密度来描绘，细线条打网格，中等粗细的描绘物体，而粗线条用来展示空间。

随机线条与全景图

当一幅画越趋近完成，越要注意它的整体感。因此，画面中各个部分的色调应该用同样的网格来体现。色调不同的区域就根据实际情况，用不同的线条来表示。重要的是，画面的整体应当保持和谐一致。这种技巧允许绘画和速写手法的自由发挥。

纹理的个性

目前为止所介绍的技巧适用于所有情况：建筑、工业设计、艺术等等。纹理的展现技巧对于手绘者来说特别重要，也因此，每个人都有自己的独门秘笈。每幅画所呈现的独一无二的个性，是在写意绘画中最重要的特质。绘画时的愉悦常能带来令人满意的结果，因此，常常会有人把一幅素描挂在墙上，当作幸运象征。

用一种少见的纹理呈现的一个场地，用不同硬度的石墨棒绘制。

从纹理到材料的表现

通过纹理表现真实材料，细节不能含糊。如木头的纹路、瓷砖墙面的接缝、地毯上的线头等等，很多情况下，这些通过纹理就能体现（之后会详细阐述），它不仅通过图形展示了物品的材质，也同时反映出了空间和体积等信息。

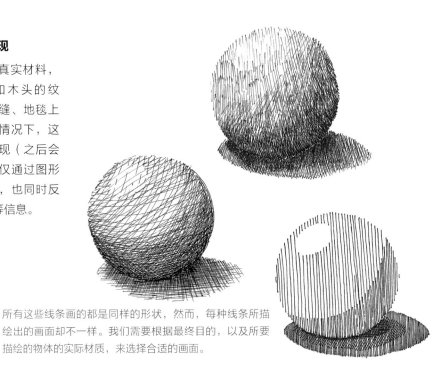

所有这些线条画的都是同样的形状，然而，每种线条所描绘出的画面却不一样。我们需要根据最终目的，以及所要描绘的物体的实际材质，来选择合适的画面。

从网格到阴影

将网格加深到极致就成了阴影。肉眼是分辨不出阴影内的网格的。如果用尖头的毡头笔描绘出一个最浓密的网格，它的色调会是非常深的，接近黑色。但如果用2H铅笔进行同样的操作，色调则是半灰色。

用3H铅笔操作，色调会更亮，如此这般色调依次趋向浅色。不过，要想绘制出阴影效果，同样还可以使用粗笔头的毡头笔、中国画的墨笔，等等。这样做不仅更方便，而且还能表达出不同的感觉。

用黑色水彩画的八个不同层次的色调。

根据某种顺序绘制的纹理，能反映某种特定的材质。

吉莲·卡拉比·贝斯克斯所画的科尔多瓦清真寺内部。使用技巧：尖头毡头笔、毛笔笔头的灰色毡头笔，在9.9cm×16.9cm的白纸上绘制。

对于色调的把控，主要取决于能否重现我们所见的色调层次。通过这种练习，我们有机会实践前文所教授的一些方法，或者也可以发展出更具个人特色的网格画法。必须要注意，我们需要分别在最白的纸上和颜色最深的合适画布上，各以八到十步，实现这个渐进的过程。在光线明亮的场所会产生极端的色调，投射和反射的阴影限制了色谱的完整性，但始终要尊重最纯粹的白与黑。色调的过度消失，画面的方向感更强烈，界限更明确，整体气氛更成熟。

画面中使用的色调层次

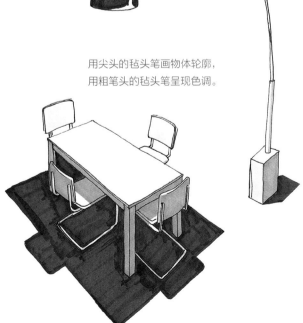

用尖头的毡头笔画物体轮廓，用粗笔头的毡头笔呈现色调。

一个空盒子的内部描绘，由两个三角体结合而成。雕塑家豪尔赫·奥特伊萨创作，巴塞罗那当代艺术博物馆。

空间及物体造型

在手绘艺术中，造型技术是指通过阴影来呈现所画对象的体积和深度，即通过描绘一个区域的光影效果来呈现物体和空间。我们在日常生活中所见到的许多形状，都是由一些基本模块组合而成的：立方体、圆柱体、球体、棱柱体等等。在这里我们要学习以下三种基本形状：立方体、圆柱体和三角棱柱体，所有室内设计师在日常工作中会遇到的建筑和家具形状都源自这些形体的排列组合。

凸形

上述这些造型可以是外凸的。指观察者在外部，视角最终朝向物品的方向。对于观察者来说，有时能够掌握凸形物体的造型全貌，有时则不能完全看清楚，这取决于观察点离物品本身的距离。之后介绍凸形造型时，会联系到物体（一张桌子、一个酒吧吧台、一盏台灯等等）。

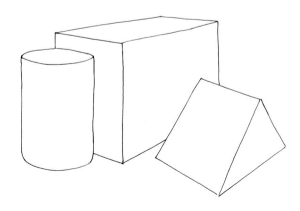

用线条勾勒轮廓的基本凸形造型。从左到右：圆柱体、长方体和三棱柱。

凹形

还有一种基本形状是凹形，观察视角来自画面内部。观察者在外部是无法掌握凹形物体的全貌的，因为它是周边环绕形。当介绍凹形造型时，会联系到空间（一个客厅、一家商店、一间浴室等等）。

环境造型

我们周围最具代表性的造型是等边长方体（在有些特殊情况下也可能是正方体）。一扇门、一张桌子或一个餐厅都构成了完美的等边长方体。圆柱体一般是在此基础之上添加的装饰，如曲线形的罩子、柜台、展柜等。以此延伸出的造型还有拱门、筒状的拱顶、拱形的锻铁，以及其他一些类似的结构元素。三棱柱则是室内设计的三种造型中较为罕见的一种：通常它被用来构成楼梯的底部、一个盖子、一个阁楼、假天花板等。

在这个表格中，可以看出一个同样的物体可以从内部视角描绘，也可以从外部视角描绘，无论它的体积大小如何。左栏被称为空间造型，右栏则被视为物体造型。

空 间	物 体

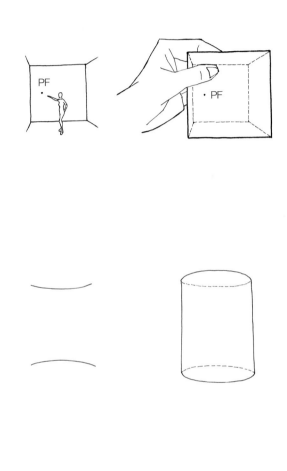

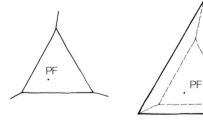

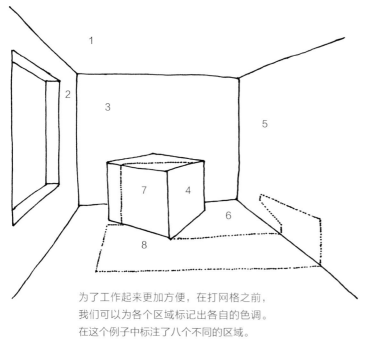

为了工作起来更加方便，在打网格之前，
我们可以为各个区域标记出各自的色调。
在这个例子中标注了八个不同的区域。

在某场所内部的物品造型图

造型的图形展示

通过物品形状的光影区块的描绘，体现出三维图形效果。当物体表面反射的光越多，它的色调就越亮，而被它吸收的光越多，色调就越暗。另一方面，阴影的区域能够直接体现出光线微弱的现象，因此阴影部分的色调同样更弱。

物体造型

物体表面，根据折射光线的强弱程度，可以分为三种类型，也就意味着三种不同的色调：明亮层、阴影层，以及阴影投射层。

空间造型

同理，一个空间同样可以根据这三种光影的区别进行不同的分类，但在所有情况下，我们都要区分出：地板、墙壁与天花板。空间具有环绕型的特点，由于缺乏边界，因此通常很难展示。不过，通过参考光线效果，我们可以分辨出哪里是地板，哪里是墙壁和天花板。如果我们身在某个空间内，一般来说，光线会从我们的视线之上、天花板之下进入空间内。通过消化这一自然原理，我们可以为任何场所再现出相似的空间造型。很明显，一个图书馆内的光线和一个厨房里的光线会是不同的，但在人类进行活动的几乎所有空间内，都有一些通用的原理。

曲线的造型是很暧昧的。而在棱柱体的图中可以观察到光线折射的不同角度，从而产生了不同的色调。阴影是一种将物体之间互相联系起来的好方法，通过它能将画面中的不同部分连接成一个整体。

如果光线是直接投射的，就必须标出每个平面间的明确界限，并强调对比度。反之，如果是扩散后的光线，则无需突出各平面间的界限，而每个区域之间的对比也变弱了。

对比

　　该术语指的是两个相关联区域之间色调的强弱区分。对比度取决于每块区域所接收到的光线：如果把一盏灯以不同的角度照在两个物体的表面上，会产生不同的色调。如果一个平面区域没有明显界限，边缘是波浪形的，那它与另一块区域之间的色调差就是逐步过渡的。对比度同样还受到色彩和材质的影响，因为每种物品和色彩所吸收的光线的量是不一样的（见42页案例）。画完轮廓后，就可以直接描绘造型。有些专业人士会用石墨棒或墨水笔打出大块的光影区块，来更好地诠释他们所画的空间并帮助理解。另一些人则选择画完轮廓后上色，因为通过这种方法，同样也能展示出一个空间内的光影区域。

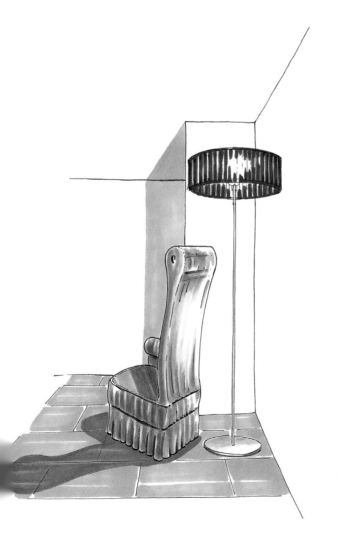

体现色调对比的彩绘

平行六面体

由六个长方形组成，相对的每个长方体的边长相同，位置平行。大部分的室内空间都类似这种形状。

平行六面体作为物体

平行六面体的每个面与面之间都呈90°，因此色调差别显著。我们最多能看见一个六面体的三个面。如果光线从平行六面体的上方直射下来，将会呈现出四种不同的色差。物体的顶部，一般情况下，也就是水平的平面（如桌面、柜台面等）总是画面中光线最明亮的一面。平行六面体的另外两面，也就是垂直的那两面，色调介于中—高和中—低之间，取决于光线本身的强度。第四个色调是画面的底部，与光照面相对的一面，也是自带阴影

将一个六面体视为一个物体，从外部进行观察。

光照面

自带阴影

折射阴影

在一个六面体中色调的演化

的一面，与照在物体上的光线形成的投影反射的色调一致。

在物体的各个面上，之前所指出的这些色调还会根据周围色调的影响，以及光照的位置，而产生细微的变化。即是说，当垂直面离光源越近，它们的色调就越亮，而离地面越近，色调则会越暗。

平行六面体作为空间

空间造型的描绘与物体造型正相反。当光源源自天花板的下方，或是向下照射时，更亮的一面是底部的平面（如地板），而暗面则在空间的顶部（如天花板）。为了体现空间的纵深感，越往里走，画面的色调就会越深。因此，最远的那一面一般都是最暗的。在两个平面之间，或者是两个角落之间，色调同样会暗下来。

将一个六面体视为空间，从内部进行观察。

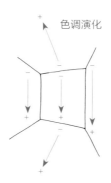

色调演化

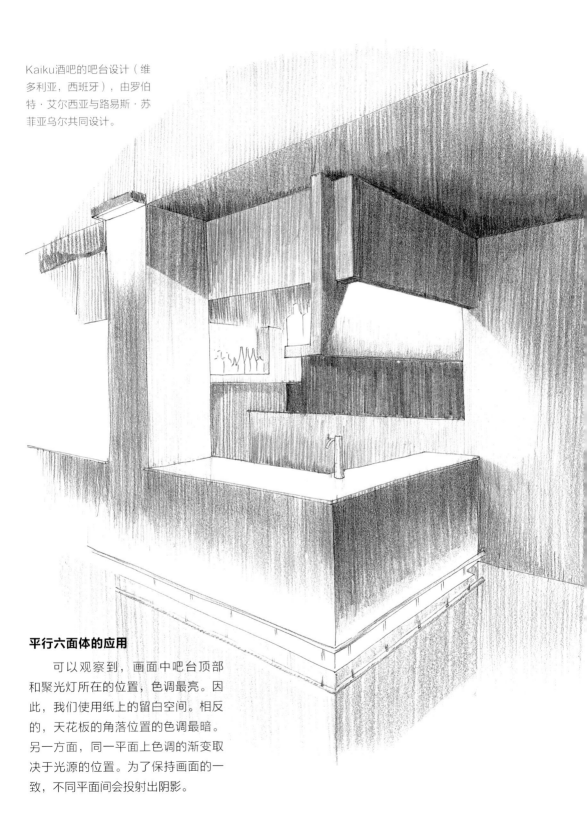

Kaiku酒吧的吧台设计（维多利亚，西班牙），由罗伯特·艾尔西亚与路易斯·苏菲亚乌尔共同设计。

平行六面体的应用

可以观察到，画面中吧台顶部和聚光灯所在的位置，色调最亮。因此，我们使用纸上的留白空间。相反的，天花板的角落位置的色调最暗。另一方面，同一平面上色调的渐变取决于光源的位置。为了保持画面的一致，不同平面间会投射出阴影。

圆柱体

　　圆柱体的应用十分广泛，但在我们看来几乎都是一些零散部件，除了柱子。我们所看到的圆柱体通常以两种角度呈现：以圆形面为底或以圆柱体的母线为底（参见41页表格）。

圆柱体作为物体

　　圆柱体的形体转折总是非常和缓，不会有剧烈的变化。为了展现最接近光源的区域的效果，我们先观察一张白纸的边缘，这里呈现的是最亮色调的效果。从这一边开始，色调朝着两侧逐步变暗。一侧的色调打到中等亮度即可，而对面的另一侧，我们将色调继续调暗，直到造就出弧形的效果。根据光源的角度不同，色调最深可达到与物体投影相同的暗度。

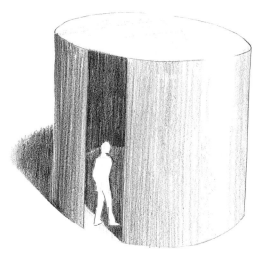

从外部将以圆形为基底的圆柱体作为物体进行观察。

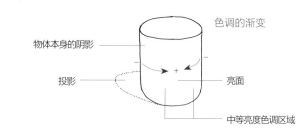

色调的渐变

物体本身的阴影

投影

亮面

中等亮度色调区域

从外部将以母线为基底的圆柱体作为物体进行观察。

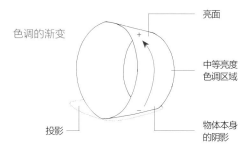

色调的渐变

亮面

中等亮度色调区域

投影

物体本身的阴影

无论我们使用何种上色的技巧，物体的光面、暗面、投影面和色调渐变的原理始终保持独立不变。

圆柱体作为空间

　　将圆柱体作为空间，从内部进行观察的话，从上方的光源向下方照射时，其表现形式与作为物体时的圆柱体截然相反。以圆形为基座的圆柱体和以母线为基座的圆柱体，其色调的渐变方式完全不同。

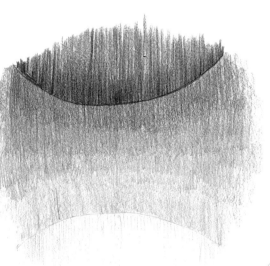

从内部将以圆形底为基座的圆柱体作为空间进行观察。

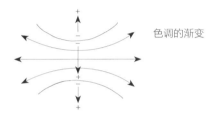

色调的渐变

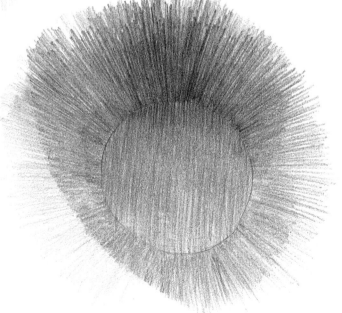

从内部将以母线为基座的圆柱体作为空间进行观察。

色调的渐变

圆柱体的应用

根据圆柱体的摆放方式不同，其作用也不同。以母线为基底摆放的圆柱体通常用于拱顶、拱门等等，而以圆面为底座的圆柱体有各种不同的应用：装饰、橱窗、隔墙等。

西班牙巴塞罗那一间音乐厅内一角。由亚力克斯·希梅内斯·伊米利萨尔杜设计，贝斯·加利与哈迈·贝纳文特提供草案。可以观察到，画中拱门与拱顶的色调渐变，与以母线为基底的圆柱体的色调渐变相一致。

一幅锻造梁的画面，同样呈圆柱形。在手绘时，始终要关注光的走向，并在描绘色调渐变前，将光影关系牢记于脑海中。

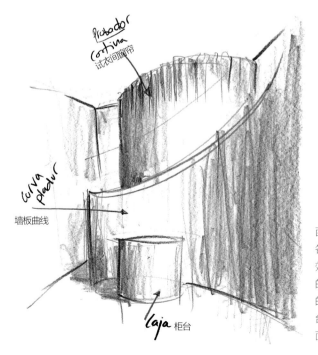

Probador
cortina
试衣间窗帘

curva
pladur
墙板曲线

caja 柜台

西班牙巴塞罗那Kerala服装店的创意素描。店面以各种弧形与圆柱形的物体分隔装饰。整个空间的呈现效果，像是从内部观察一个以圆形底为基座的圆柱体的空间效果。店面里的展台和试衣间同样是圆柱形的。我们可以观察到，弧形墙面的色调渐变效果与展台和试衣间的色调渐变是正好相反的。弧形墙面的暗面在右边，而展台和试衣间的暗面都在左边。

三棱柱

　　以下的解读可以理解为一个有长方形底座的棱柱。为了展现各平面的造型效果，我们根据平面的倾斜角度，用或高或低的不同色调来表现。

棱柱体作为物体

　　它的各个面之间的夹角小于90°，这也就意味着在描绘造型结构时，我们必须密切注意光源的方向，因为它的色调转折非常剧烈。

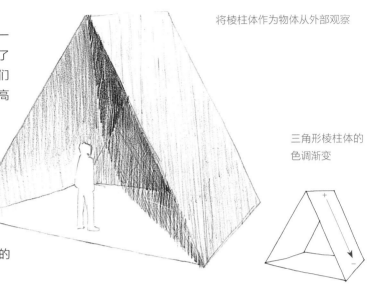

将棱柱体作为物体从外部观察

三角形棱柱体的色调渐变

将棱柱体作为空间从内部观察

色调渐变

棱柱体作为空间

　　相靠近的两个面的色调非常接近，而且都偏暗。由于有倾斜角度，其色调比天花板亮，但比墙面暗。因此，三角面的位置越高，色调越暗，边缘处于角落中，角度非常狭窄，光线几乎无法照射进去。

棱柱体的应用

　　这些倾斜型的三角面能做成一个覆面，夹角各面位于高处的位置的色调与天花板的色调相似，中间位置的色调亮度有所下降，接近墙面的色调。这时因为地板——最亮的一面——反射了从窗口照射进来的光线。

某个阁楼或天花板下方空间的画面

二维系统及其图形应用

一个作品的价值在于其表现力。如果能很好地传达出一些东西，那这个作品的价值就会变得很高了。

—— 卡洛·斯卡尔帕

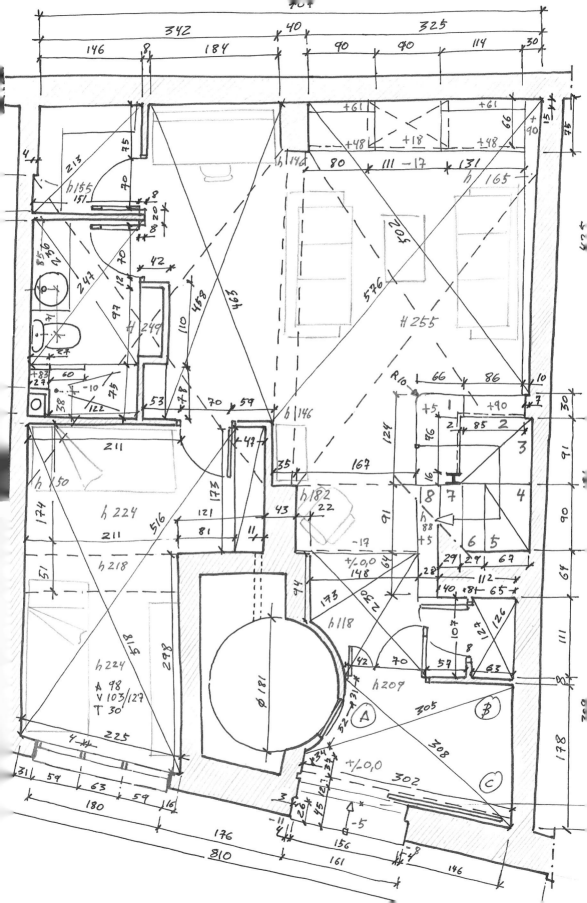

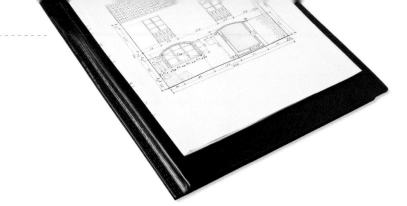

二维呈现

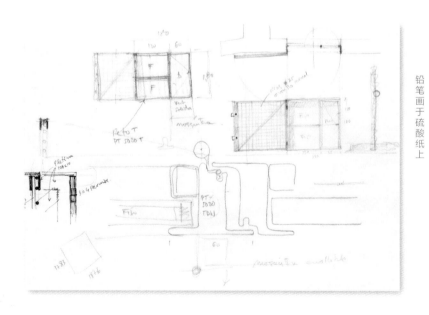

佩佩·科尔特斯

日内瓦 Masia Can Palet 项目建筑手绘素描

通过不同的视觉梯度呈现

铅笔画于硫酸纸上

方式的系统

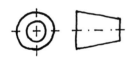

二维呈现方式的系统使我们可以通过一种极为明确的表达方法向其他了解该系统的读者传递信息，而绝不会产生误解。图形的位置，以及不同的线条都带有某种独特的含义。

该方法是通过某种系统性的绘画方式，呈现相互交错的不同维度的平面，并在纸上的二维空间中展示出空间或物体的三维效果。通过这种方式，可以将读者的注意力集中到一张平面图上的两种维度空间中。为了展现整个空间或物体的全貌，必须精准地反映出所有必要的视角。因此，该方法也被称为多视角绘图法。

要理解该系统，我们可以想象观察者处于无限的空间内，并以垂直角度投影。这意味着事实与看起来的样子并不符合，而是以一种抽象的方式去理解其全貌。通过这种方法，可以产生不同的视角。

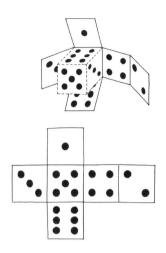

可以通过骰子的形状构成来解释第一维度
投影的方法原理。注意观察画面中各视角
的平面如何折叠，以及所绘制的每一面最
终所在的位置。

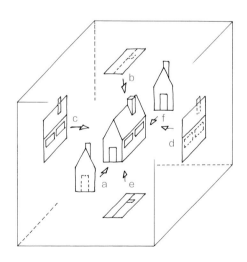

物体对象（小房子）的位置介于观察者与
投影平面之间，因此其正面维度画在底
部，顶部的维度投影到下方，右边的平面
投影到左边，以此类推。

第一与第三维度投影方式的区别

根据投影在平面图上的反映方式和最终视
角是如何分布的，投影的画法可以分为两种。

取一个六面体，观察它的六个不同平面。
注意在其中视角如何被折叠，并最终以固定的
方法落到纸上。如果跳过这一步骤，最终呈现
的效果会产生严重的问题。

在每种不同的展现方式中，根据各维度不
同平面的分布，物体或空间的每一面投影到平
面上的方式会不同。举个具体的例子，我们在
一个方盒子中画出一个小屋，将小屋的每一面
投影到方盒子的不同平面上，通过这种方式展
现六种不同的视角。

第一维度投影法

也被称为欧洲式投影。其不同视角名为：

a. 正面或垂直正面视角

b. 底部视角

c. 左面或左直角视角

d. 右面或右直角视角

e. 内部视角

f. 背面视角

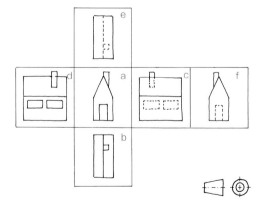

以第一维度投影所规定的视角位置，画出的投影造型
符号。这些符号常用于技术图纸，却不能用于绘制建
筑图纸，因为在许多情况下绘画视角并不是这样的。

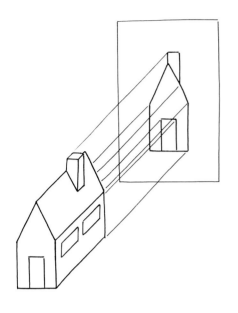

当构成一个物体的线条垂直投影到绘画平面上时，产生垂直视角。

第三维度投影法

也被称为美式投影。其不同视角名为：

a. 正面视角

b. 顶部视角

c. 左面视角

d. 右面视角

e. 内部视角

f. 底部视角

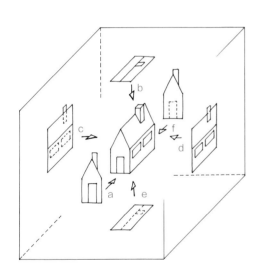

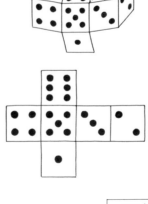

左图是按照第三维度投影的展现方法绘制的。注意观察画面中各视角的平面如何折叠，以及所绘制的每一面最终所在的位置。

这次，投影平面位于物体（小房子）和观察者之间，因此投影的正面画在前方，顶部画在上方，右边的平面投影到右侧，以此类推。

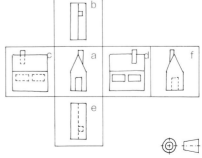

按照第三投影所规定的视角，各投影造型符号所在位置。

内部视角，
天花板与覆面

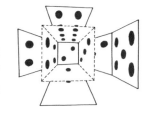

将空间展开，根据第一维度投影法规则所呈现的内部视角和相对位置。

在前面几页，我们已经通过小房子的案例，分析了外部视角的呈现方式。接下来，我们要介绍内部空间的表现方式，这也是我们在工作中时常会遇到的情况。

第一维度投影法的内部视角

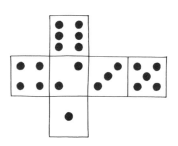

其不同视角名为：

a. 正面或垂直正面视角

b. 地面视角，地面部分或地面

c. 右面，右垂直面或右墙面

d. 左面，左垂直面或左墙面

e. 天花板视角或天花板面

f. 后部视角或后部垂直面

这些命名并非一成不变，也可根据实际情况为各平面命名，如烟囱面、沿街面等等。

在这种呈现方式中，观察者位于物体（小房子）的内部，投影朝向其视线的前方。因此正面的视角投影到后方，地面视角投影到底部，右侧墙面投影到右边，以此类推。

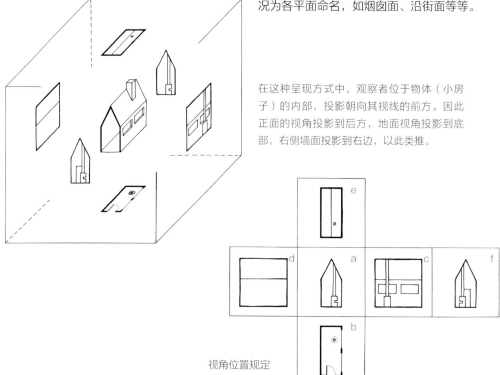

视角位置规定

也可以按照字母表顺序，以小写字母标注出不同的区域：在平面视角上标注上字母，并配上箭头指示方向。

地面、正立面和周围墙面（再加上其他的一些部分）构成了垂直视角的主要描绘区域。我们现在已经知道，来自不同区域的视角维度会相互关联。因此，在有条件的情况下，都要尽量将各个面对齐排列，并按照规定的方式标注位置。这样有利于对图纸的解读和实际实施建筑工程。

地面、天花板和覆面

地面的视角对应的是想象中的一个平面视角，该空间其他所有的垂直立面都位于这块平面之上：墙壁、柱子、门、窗等。

天花板平面的概念也是一

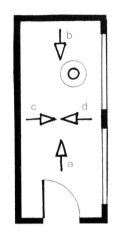

对上一页中的各个不同维度面的命名。

标注出各不同位置的覆面图，用于展示一栋房屋或大楼的基本位置和朝向，并反映它所在的环境。

样，但它对应的是朝向顶部的视角。我们用它来直接反映朝上方看去时，视野中的平面区域的信息。我们通常用它来表现需要完整展示的整体信息，如格子状的屋顶。

覆面则是从外部观察一栋建筑时，落在上方的视角平面，涵盖各个角落。一个覆面能反映不同的视角维度，并呈现出其中的信息。

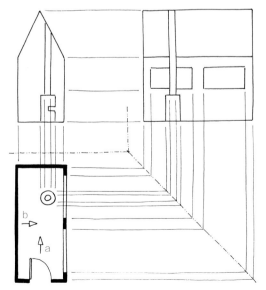

三种不同视角的线条组合，标注出各维度的相互关系。

天花板和覆面

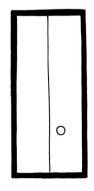
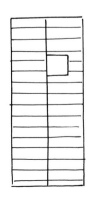

截面：想象的切割面

截面指的是一个物体按照原本的模样垂直投影，并从水平面和垂直面切割分解出的各个形状中的一块。通过这种方法，能够理解物体的内部性质。

这些截面和垂直平面一样，是按照其真实的维度进行投影的，目的是为了展现不同维度平面、各区域的内部和外部，以及物体和参照物之间的相互关系。它的另一个作用是反映建筑细节或家具的组装，我们之后会就此进行详细说明。

截面类型

水平方向的截面根据平面视角的方式命名。它们是唯一未被切开的截面，从地面向上约120cm，高度根据想反映的具体内容可以作调整。其他的截面都被切割开了，切割面通常与主墙面平行或垂直于主墙面。要注意绘制时必须尽量反映出截面内所有的建筑元素，尤其是楼梯。墙柱和梁柱不能切割成单独的截面，因为它们的画面呈现方式与墙面的呈现方式相重复。

水平截面或水平视角

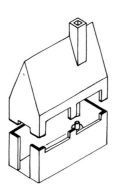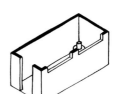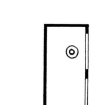

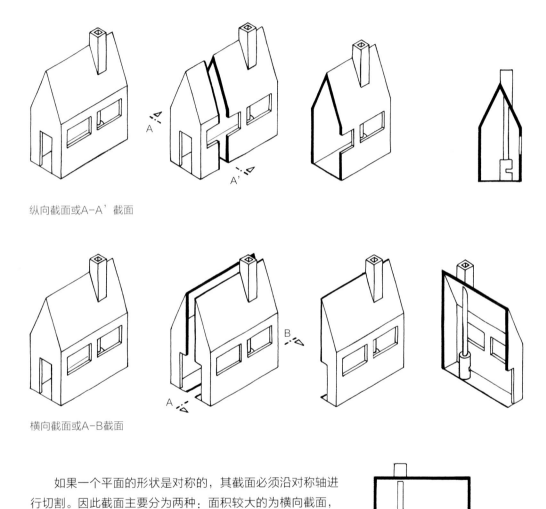

纵向截面或A-A'截面

横向截面或A-B截面

　　如果一个平面的形状是对称的，其截面必须沿对称轴进行切割。因此截面主要分为两种：面积较大的为横向截面，面积较小的是纵向截面。

　　在截面中，无需画出每一道线条：只需要标出主要造型、线条的终点，以及可能方向上可能发生的变化，就已经能够很精准地描绘出它所处的位置了。绘画时遵循"线—点—线"的线条描绘方式，在每个转角处标出箭头，说明观察截面的视角方向，并在箭头旁用大写字母按字母表顺序进行标注。这些标注之后将用来指认每个具体的截面。

楼梯的表现方式

平面图是物体在水平面上的垂直投影，通过一个想象出的截面来反映，去掉了投影面上的具体元素，从上方观察物体或建筑。因此，在画平面图时要画出所见的一切，并用"线—点—线"的连接方式绘制线条（参照第64、65页说明），展现出线条结束和画面开始的位置。

在平面图上画楼梯非常简单，要用视觉方式表现它的系统性。在画面中心，先画一根线条，从第一层楼梯开始的形状画起（小型的圆圈、方形、长方形等）并在结束时用一根箭头标出最高点。

在条件允许的情况下，楼梯每层的计数从+/-0,00层开始算起。在第一层以下的楼梯上画上减号标志。另一个补充信息是在每层梯格上标上高度。

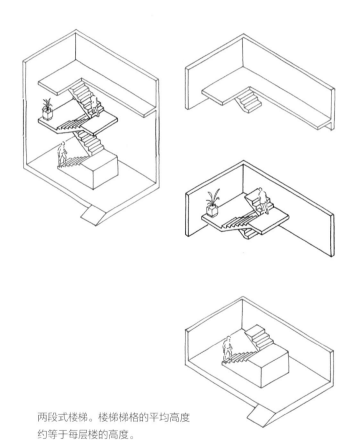

两段式楼梯。楼梯梯格的平均高度约等于每层楼的高度。

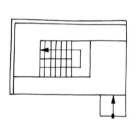

楼梯投影到顶部平面的画法

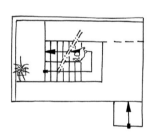

楼梯投影到第一层平面的画法

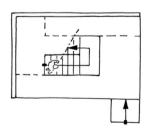

楼梯投影到底部平面的画法

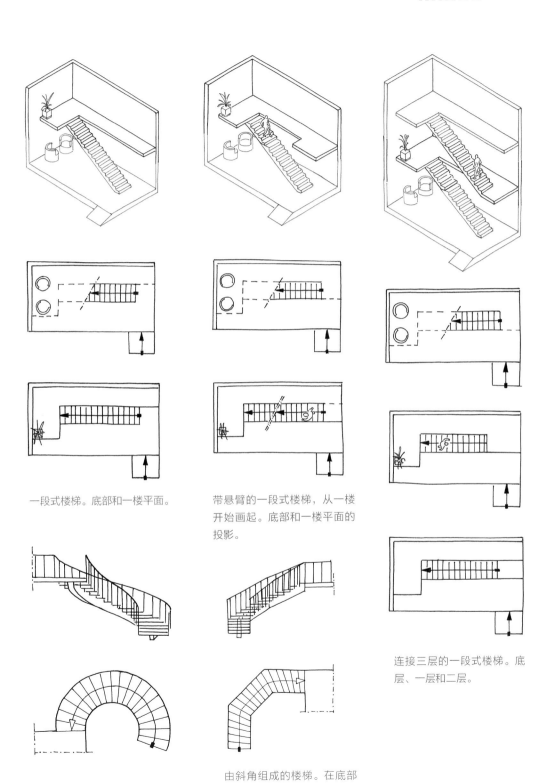

一段式楼梯。底部和一楼平面。

带悬臂的一段式楼梯，从一楼开始画起。底部和一楼平面的投影。

连接三层的一段式楼梯。底层、一层和二层。

螺旋式楼梯，在底部和垂直面的投影。

由斜角组成的楼梯。在底部和垂直面的投影。

绘图标准

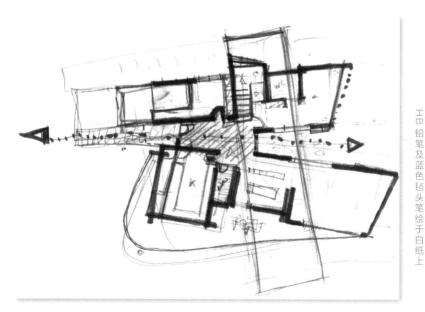

吉连·卡拉比
巴塞罗那圣安德烈斯·德利亚瓦内拉斯区
独立屋 06 号投影平面草稿，2001
工B 铅笔及蓝色毡头笔绘于白纸上

及规范

技术绘图是一种沟通的系统，该系统有其自有的语言规范。工业绘图技巧被通过不同的规范予以简化、统一，用于各种特殊用途；相反，建筑绘图在很多国家还没有统一规范。尽管如此，在建筑绘图中还是存在着通用的、大家易于理解的规范的。例如，短线条组成的虚线反映的是截面下方的边缘或阴影轮廓。

如果一幅建筑设计图广泛运用了规范的绘图标准，我们就能从中看出它所反映的丰富画面资料。而如果我们没有使用通用的绘图规范，或没有将其作为一种画面的沟通方式来看待的话，画面传达信息就会不畅，甚至会导致信息的完全丢失。

线条及其蕴含的信息

通过在二维的画面中使用不同的线条，我们能够使并不实际存在于纸上或投影画面中的三维空间变得"可视化"。线条的变化并不仅限于粗细：密度、色调和线条间的组合方式同样有所差异。所有二维画面中必须尽最大可能体现出这些区别，因为它所蕴含的信息日后会沿用到实践中，甚至影响最终的建筑成果。

线条的层级

在这幅线条的层级图中，最高层级是截面的组成元素。这一层级根据具体构成物质的性质可以分为两种。在实际案例中，绘制墙面的线条比绘制木材的线条更鲜明，尽管后者同样属于截面元素的一种。

在第三层级，反映的是我们所看到的投影，同样可依据以下方法分层：根据物体的构成成分；根据相对于截面的远近关系；根据实际需要来突出或弱化线条。除此之外，这一层级或比它更弱的层级可以用来反映路面或一些虚拟的线条，比如门开关的轨迹。

线条种类及运用规范

1. 粗直线。用于划分建筑物中各个部分的界限。

2. 中等粗细的直线。用于描绘物体的边缘或视角所见平面的周围，或用来界定与建筑物无关的元素之间的界限。

3. 细直线。用于描绘离截面较远的元素，相关度较低的元素或装饰品，虚拟线、参考线、高度线、物体的简化线条等。

4. 短线条组成的虚线。反映在截面下方的边缘或阴影轮廓。

5. 长线条组成的虚线。反映截面上方被隐藏的边缘或阴影轮廓。

6. 以点组成的虚线。反映不太会沿用到实际应用中，或仅用于过渡性的元素。

7. 细线条和点组成的线。表示中心轴或截断线。

8. 粗线条和点组成的线。截断面的终点、方向的变化、中心区域都可以用这种线条表示，也可以用更细的线条来表示或者完全忽略。

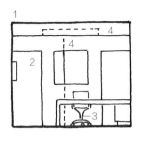

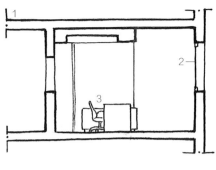

正面视角，尽管不是截面，但也需要反映构成其周围环境的物体的性质。因此，绘制右侧的玻璃面时所用的线条较其他部位的线条细。

起居室截面图

这个视角的平面图中汇聚了之前的表格中所提到的各种不同的线条。通常我们不会画出家具的隐藏线条（桌子下方的椅子和家具的侧面），尤其是在这么小尺寸的画面中。

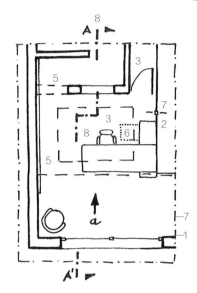

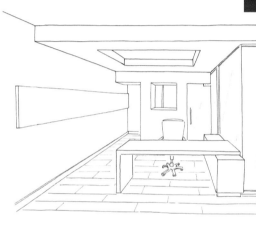

为展示空间平面，这幅草图使用了最标准的线条规范。

以上是绘制平面图或建筑草图的基础。但在规则之上，我们还要考虑通用的常识。例如，如果想强调木地板的不规则排列方式，也可以加强它的线条。

在铅笔手绘中，线条的变化通过改变笔芯，或改变施加在纸上的压力来实现。

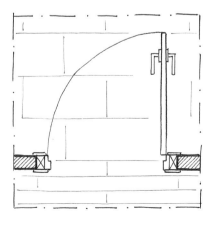

在这幅平面图中，可以看到其中用了至少三种不同的直线来画这扇门。这幅图可视为之前所介绍的理论的总结。

图形比例

当图形放大或缩小时，必须按照比例描绘。例如，如果使用1/2的比例，那么长1米的物体呈现在纸上的长度就该有50cm。反之，纸上的50cm等于现实中的1米。

下图的表格列举了最常见的比例尺和与原始尺寸的对比关系。

该表格同样反映了根据精确比例，画纸上的1cm如何等同于实际尺寸。如果我们阅读相关的数据，会觉得如此明显以至几近荒谬。在画纸上，将画面尺寸除以比例标准即为放大，将画面尺寸乘以比例标准即为缩小。

在建筑工程的相关行业中都使用"米"作为标准测量单位，而当你有所疑问时，可以询问图纸的对应比例："图纸上的3.5cm对应的这面墙的实际长度是多少？"为得出正确结果，需要牢记比例关系：如果一张图纸使用1/20的比例，那么墙面长度为70cm，如果使用1/50的比例，墙面长度则为175cm。

实际	图纸	比例	图上 1cm…	…等于实际的
放大比例				
1m	5m	5/1	1cm	0.2cm
1m	2m	2/1	1cm	0.5cm
实际比例或自然比例				
1m	100m	1/1	1cm	1cm
缩小比例				
1m	50cm	1/2	1cm	2cm
1m	40cm	1/2.5	1cm	2.5cm
1m	20cm	1/5	1cm	5cm
1m	10cm	1/10	1cm	10cm
1m	5cm	1/20	1cm	20cm
1m	4cm	1/25	1cm	25cm
1m	2cm	1/50	1cm	50cm
1m	1cm	1/100	1cm	100cm
1m	0.5cm	1/200	1cm	200cm

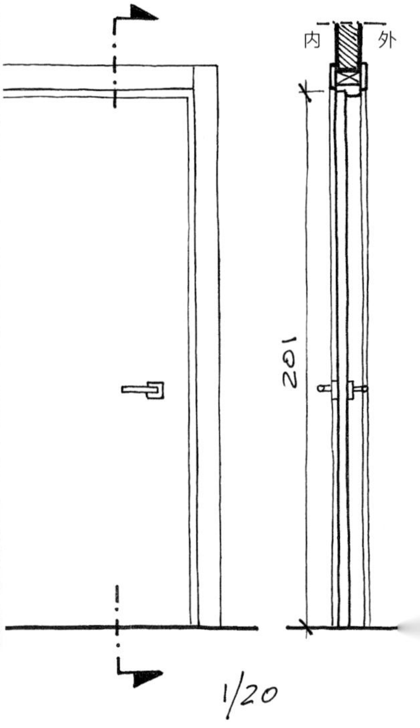

内 外

201

1/20

视觉比例和相对比例

　　指的是绘制画面的纸张大小和画面所描绘的实际空间之间的比例关系。

　　现实中的物体或空间的尺寸越大，我们在画面中缩小的比例程度也就越高。同理，空间越小，所用的比例就越低，以便描绘出更多细节。根据该原理，我们通常会放大某一区域或将注意力集中在某一具体元素上，将其画得尽量大一些，以便囊括所有我们需要反映的细节。

　　在进行设计手绘时，我们可以摒除规章和定标，不需要严格遵循某个具体的比例尺来作画，但基本比例原理还是和之前展示的不同比例尺的对应效果是相同的。

　　进行设计手绘时，为了解画面尺寸，可以借鉴所描绘对象的外部环境，不过更常用的方法是用手指作为测量比例的工具。

e: 1/50　　e: 1/100

人体也是绘画比例的参照物之一，不管其是否在比例尺所涵盖的范围内。因此，建议在画面中捕捉人形的轮廓细节但尽量简化。

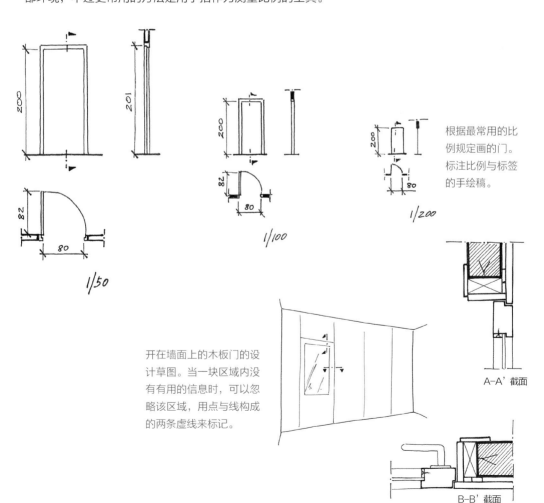

1/50

1/100

1/200

根据最常用的比例规定画的门。标注比例与标签的手绘稿。

开在墙面上的木板门的设计草图。当一块区域内没有有用的信息时，可以忽略该区域，用点与线构成的两条虚线来标记。

A-A'截面

B-B'截面

绘画准则

　　画面与所画对象始终要保持一定的比例关系。缩小的比例可从1/10到1/20，到1/50不等。画面越小，丢失的细节越多，因此要么简化，要么别画。参考下面的例子，一扇门和一扇窗，都是设计图纸中常见的元素。随着画面越缩越小，丢失的细节也越来越多，为了不在画面中彻底消失，只得尽量简化。然而，门锁、门把手、以及其他一些无关紧要的元素，是为了反映真实情况画出的完整形状，与整体线条没有关联。因此这些元素不用简化，缩小时直接舍弃即可。

根据最常用的比例尺画的金属结构的窗。

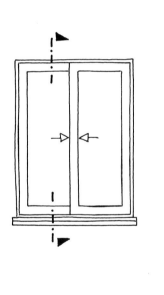

内　　外

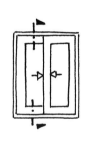

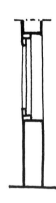

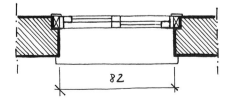

主: 1/20

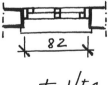

82

主: 1/50

如果用电脑程序来作画，流程也是一样的，区别是使用电脑可以有更规范更精准的比例，改动也较小。最高原则是：当两条线重合时，要么别画，要么简化它所代表的元素。

使用数码软件作画

当使用电脑软件CAD工作时，我们有两种选择。

如果程序允许，可以在画面中设定区块（预设画面）并描绘出各区块内的所有细节，在打印时设定"画面"到何处结束。

如果程序中没有这个选项，就根据打印机规定的比例输入区块参数。

后者会有一个问题，即我们并不总是根据预设的比例进行打印。

根据画面细节，我们需要设定不同的图层，建立各种区块，并根据打印比例的实际效果，进行图层覆盖或显示效果。

最后，同样重要的是也要根据比例规范和我们所设计的图纸类型，设定不同的线条类型：

如果一张设计图纸根据1/20比例规范绘制，那么当比例变为1/50或1/100时，如果还使用原来的线条，线条将会叠在一起。在一张安装图纸上，其他信息都只有参考价值，因此与安装有关的信息需要用更粗的线条、色调或不同的颜色进行强调。当一张图纸没有根据比例规范描绘时，会损失精度。而一张缺乏比例细节的图在呈现的时候是没有连贯性的，光看那些线条观者将无法理解。

在能够按比例呈现的情况下，截面图能够反映物体将如何构成或反映已经完成的构成方式。这扇窗被固定在事先预设好的标记位置。

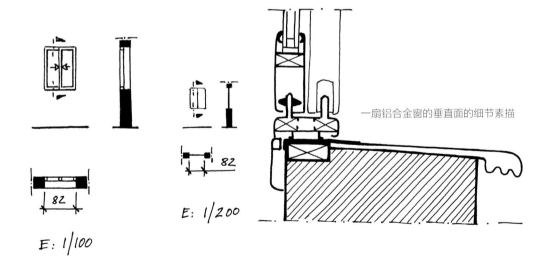

一扇铝合金窗的垂直面的细节素描

E: 1/200

E: 1/100

备注与标记

位标指的是用数字标示的两点之间的距离。该距离用各种不同的线条来表示。我们可以标注任何一幅画面。

在设计手绘中，位标标注的是设计师要求的长度或实际长度，而造型形状则参考设计图。在这种情况下，通过标记位标能够弥补设计手绘不精确的地方。

然而在根据比例绘制的图纸中，位标信息与图纸所代表的形状必须完全一致。也就是说，如果我们参考比例尺衡量一幅画面，所得出的信息与通过位标所了解的信息是完全一样的。

在任何情况下，位标都是对画面图形的补充，在绘制时放在次要位置。因此，绘制位标时的笔触更轻，位置则位于主画面之外。这样能保持资料的完整，方便理解。

A-A'截面

总面积38.6 m²

底部视图

西班牙巴塞罗那格拉西亚区的一间36㎡的书房设计草图，铅笔绘制。在A-A'设计稿上，所有的位标距离（数字）指向阅读顺序，左侧的位标指向画面开始的位置。而在底部视图设计稿上，所有的位标距离（数字）平行于它所标记的位置。两种视图都补充了图形符号，使其更为完整。

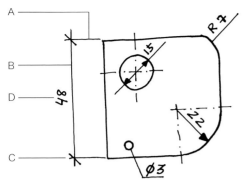

位标的不同类型

　　备注型位标是指为某一区域或各种独立元素标注的位标。全注型位标则是所有不同备注位标的总和；一般位于离画面更远的位置。两种标记能够相互补充。另一种系统将标记类型分为初始位标和累计位标；在这种系统中，第一个位标从"0"算起，后续的位标都要从这一原点出发累计，因此最后一个位标的数值也就是总距离。

　　垂直距离的位标有两种记录方式：第一种，数字标记指向阅读位置，即与水平距离的位标方向相同；第二种，数字标记转90°，平行于所标记的线条。第二种方式能更明显地反映出位标所标注的对象，在空间处理时产生的问题更少，因此我们推荐在绘制测量草图时使用第二种方法。在同一张图中不允许同时混用两种不同的标记方式。

单位

　　在标记距离时所使用的单位与所画的设计图类型息息相关。因此，绘制外部空间时，使用缩放度更高的比例尺，如1/100或1/200，因此用m来作标记；绘制室内空间时，通常所用的比例尺缩放程度更低一些，如1/50或1/20，因此用cm标记。细节部分或工业部件通常用大比例呈现，1/5、1/2或1/1，可用mm标记。在所有标注位标的图纸中，必须指明所用距离单位，尤其是在容易产生混淆的情况下。

图形符号

　　使用图形符号能够使得设计稿更完整。其大小与画面的其余部分应当一致，通常只在有必要注明的情况下使用。

备注型位标，根据可用空间标出的直径与辐射范围。
A. 辅助线或参考线。划定标记范围，靠近所指定的对象，但未直接画到此处，以防在视觉上产生混淆。
B. 位标线。位标标记中的主要线条，在此基础之上标记数字。位置平行于标记对象，以作参考。
C. 用线条或符号表示边界。区别于其他线条，用鲜明的方式标示出位标距离的两端终点。
D. 位标或位标数字。指具体的数字。

室内设计草图常用图形符号样本：
A. 进入箭头
B. 视平线，高度位标或对比底层的参考位置。
C&D. 在一个侧面或截面中，实际完成高度与总高度的相对位置标记。
E. 下水管道
F. 一个箭头标志方向，小写字母按字母表顺序排列，标记高于视平线的面。
G. 横截面截断处用点与线组成的虚线和大写字母表示。
H. 空间覆盖面积用㎡标记，置于一个方形或长方形的框内。
I. 每个房间用一个标有数字的圆形表示。

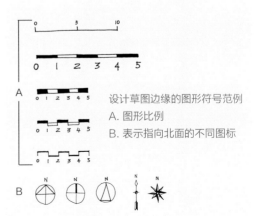

设计草图边缘的图形符号范例
A. 图形比例
B. 表示指向北面的不同图标

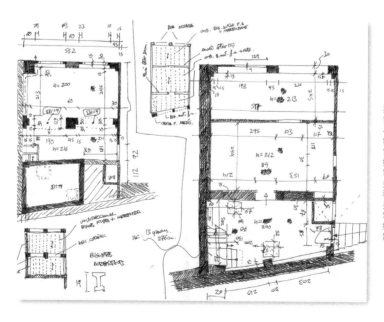

乔迪·PI·马丁内斯

为塔拉戈纳莱斯普卢加德夫兰科利区的农业

建筑装修项目准备的带标记的预案草图

黑色与红色细笔尖毡头笔绘制

设计草图

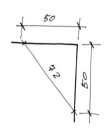

我们为呈现一个空间所做的各种具体工作的整合被称为设计草图。我们可以自由选择使用尺、圆规、硬纸板或其他的工具来完成这项工作。

目标是呈现空间效果时，用垂直视角绘制（平面、立面、横截面）图纸，需要使用各种符合规范的不同线条绘制草图，并以备注、阴影和位标加以补充。

设计手绘的工作不追求完美无缺，但仍需尽力反映绘制对象真实的原貌。

这里的设计草图更多的是完成传递信息的工作而非表达意向的工作，它为之后绘制精确的施工建筑图纸奠定了基础。

当需要在画板上画平行线时，可以移动手的位置，伸展小指顶住画板的边缘。这种绘画技巧在站立作画时尤其有效。

不作画的一只手固定住画板，同时在有必要的时候还可以增加更多支撑，如使用手臂或腹部帮助固定。

准备建议

　　每个人都有自己的握笔方法，尽管方式不同，但最重要的是要以符合自然规律的方式工作。

手势

　　握笔姿势要尽可能舒适，不妨碍作画时手的自由移动。所画线条的长度越长，要画出理想的线条就越困难。因此在实际作画前，就应该明确可视化我们理想的线条形状。一种方式是标记出终点：开始画线条时，看向终点，并快速移动笔尖，将线条画至此处。在画线条的瞬间，掌握好呼吸方式也很有帮助。转动图纸，朝向作画时觉得最舒服的方位，同样能更好地保证画出理想的线条。在任何情况下，每位设计师都应该勤加练习，在实践中掌握自己最理想的作画方式。

姿势

　　在画某个场所的设计草图时，我们并非总能找到一个最舒服的作画姿势，因为需要从不同的视角观察绘画对象，这就要求设计师不断地来回走动。倚靠在墙边或其他垂直面旁作画，并远离较为恶劣的外部环境，能够为我们的工作提供很大便利。

在找不到任何支柱可以固定身体的情况下，需要稳稳地站立，确保牢牢固定好画板。

选择画材的注意事项

建议绘画时使用硬板纸，纸张尺寸为DIN A4或Letter尺寸。如果需要的纸张尺寸较大，建议也不要超过Ledger或DIN A3；在后一种情况下，画纸只在最开始打整体轮廓时完整展开一次。之后将画纸一折为二，分别绘制各个半边。通常只有需要在一张画纸上呈现各种不同视角时，我们才会选用大尺寸的画纸，画面本身是否被隔断没有影响，毕竟舒适度才是最优先的。

在用特殊纸张做的笔记本中作画也是可行的，但会更不舒服。笔记本的封面封底必须足够硬挺，另外还需要额外的支撑。

方向

切记这是我们需要记录下的第一个信息。为正确了解方位，光凭指南针还不够，甚至需要依据太阳升起落下的轨迹来判断方向。在遵循风水原理的室内设计工作中，还会使用被称为罗盘的更精确的指南针设备。

不管是画设计草图还是记录信息，坐着画画都不是一个理想的姿势。因为在作画过程中，我们时不时地需要转身、站起来、仔细观察、返回、作画、比较等。

在参考风水原理的室内设计中，测量距离时需要把罗盘的边缘置于靠近屋子最正面的下方边缘，通常摆在大门处。

这是绘制空间图时最舒适的姿势之一。画者保持直立，作画时有一块较宽的水平面作为支撑，同时有一个较高的立足点。

空间认知

用整合的方式表现空间的特点，或展示某项工程的草图。

基础信息

下图是西班牙比拉马尼斯克莱镇中心的一栋房屋。这些联排房屋坐落于塞拉利昂的l'Albera山脚下，已有一个世纪的历史。房屋的部分已经重新装修过，最突出的特点包括加泰罗尼亚式的屋顶和房屋内部内置的一口井。它的传统建筑风格给空间描绘造成了很多困难：拱门、楼梯、舷梯、假三角支架、被推倒的墙面等。

房子的正门朝向圣约瑟普街，位于底层。注意观察整个建筑的正面。

准备工作

在绘制空间画面之前，首先要明确工作的最终目的。否则，就有可能过于强调无关紧要的细节，反而遗漏那些真正重要的细节。要记住，我们的工作是日后绘制施工图纸的过渡，通过研究图纸，才能依照它完成必要的装修工作。

我们首先要对所描绘的空间进行研究：观察它的不同房间，如果有不同层级的话要一层层观察，同时需要了解周围的环境。

接下来，根据图纸的尺寸大小，规划具体画面该如何分布。可以先画底层的平面图，试试看能否将其置于画面的中央，将周围的画面围绕在它的旁边，这样能够看出各区域的相互关系。这种方法是理想的作画法，但很少能够成功，因此也不推荐使用。

或先画一间小房间，或是用一张很大的纸作画。

在同一张纸上，可以画两到三种不同的视角，也可以在不同的纸上采取同一种视角作画。

如果采取后一种方式，在每张纸上要画上备注或标记，这样将这些画纸拼在一起后，就可以轻松了解工程的全貌。

有一种画法是把空间按房间或区域分隔，这样可以平均分配要画的图形的尺寸。然后，逐一集中描绘每一块具体的区域，展示与之有关的元素（如一扇窗或一扇门）。这样，我们就能判断画纸的尺寸是否足够容纳所要反映的所有信息。如果结论是肯定的，那就继续按这个方式画出整体草图；如果答案是否定的，就要进行修正。

结构图需要用铅笔轻轻勾勒，最好使用硬笔芯。尽管需要花一些时间，但不能省略这一步骤，这能保证接下来的工作进行得更为顺畅。

要想在画面中包括某种元素，我们需要先就自己正在进行的工作设立一些条件，并看在此基础上能否涵盖需要传递的信息。

有位标标记的建筑正面设计草图

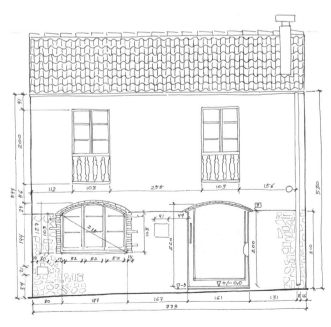

设计草图：空间展示

终于该正式绘图了。从现在开始，我们所画的每一根线条都非常重要。可以沿用之前的铅笔，也可以换一支更软一些的或改用墨水笔，甚至也可以组合使用不同的画材。每个人可以根据各自的偏好进行选择，任何选择都不会对最终的质量好坏产生影响。

工作方式

根据使用的画材不同，工作的顺序也有所不同。比如，我们可以一口气画完整张画面，不作细节上的画面修饰，然后再回头擦掉分隔线。这种方法最精准，但花费的力气也最多。

另一种方式是根据各种线条类别选用不同的笔，如果用铅笔作画，可以组合各种不同的硬度和粗细，并根据材质特点改变笔触轻重。

初稿完成后，就要添加所有必须的信息。要制作出信息完整且便于理解的文件是很难的。因此，画面上的图形信息很重要。不同的色调、颜色、笔触的粗细，以及它们的各种组合都代表着不同的信息。

在整个作画过程中，我们要始终专注于正确反映绘画对象真实的比例大小。这需要持久的努力：仔细观察、捕捉、绘画，如此往复。

在以垂直视角作画时会产生更多障碍，因为我们的所见与我们在画面上呈现的方式并不相同。不过，随着实践的增加，画者会渐渐习惯这种作画方式。

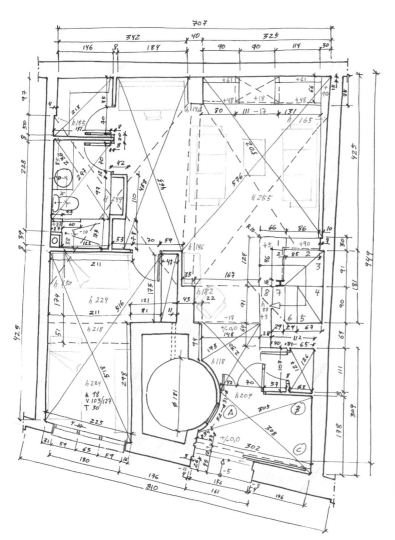

底层平面设计草图，标注了所有必要的位标。

要找到一面墙的基点，只需参考门框。如果没有任何参照物，就需要使用工具来进行辅助。

入口处的门板并未保持水平。为了解它的倾斜度，我们需要测量它下陷部分的宽度和高度，并确保测量方式正确。我们找到了一块软板，能够帮助更好地完成工作。当缺乏参照物，无法确定倾斜角度时，可以使用图中这种方法来测量。

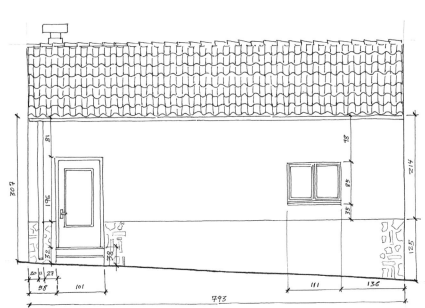

房屋背面

测量高度时，将米尺的一端置于地面，确保米尺垂直于地面，观察到达天花板的刻度。

测量尺寸

　　理想的状况是由两个人一起测量尺寸，尤其是在使用挠度仪（长一米）的情况下。一人测量，另一人记录。两人的配合度越高，工作效率也会越高。测量窗和门的尺寸时，需要测出光线通过的空间。测量窗的尺寸时，有三种不同的高度：窗台、透光区域和窗楣。两位测量者必须采取同一种测量模式，这样可以减少互相解释的时间，并避免发生误会。

　　如果必须单独完成测量工作，测量工具又是米尺的话，工作的进度会大大减缓。我们可以通过测距仪的帮助来完成工作，这样可以加快进度，作业也更方便。但这不意味着就不需要米尺了，两种测量工具是可以相辅相成的。

在不规则空间内，墙壁通常不是四方形的。因此需要测量房间的对角线。在一个无障碍的房间中，使用测距仪测量和使用米尺测量，所花的时间差异很大。

测距仪有一个可折叠的附件，可以用来测量无法容纳机器本身大小的封闭角落。

位标备注

下一步工作是写位标备注。我们会同时写上位标数值并画出参考线。在设计手绘草图中，推荐使用把位标平行标注于所指区域旁的标记方式。使用这种方法可以更加明显地看出位标所指的对象，并可以减少占用纸张上的空间。

先标记高度。在写高度位标时，使用大写的"H"表示总高度，使用小写的"h"表示各区域的高度。如果空间不

在同一水平面上，通常以+/-0,0代表水平面，并以此为参照标注出各区域的位置。

接下来要标注总位标数值和各部分的数值，或反过来进行，但总要两者一起标注，这样能够发现可能的误差。

同样还可以标出对角线的数值，尤其是在有假梁柱或者存在某些对立点的情况下。如果在工作过程中发现其他重要的信息，也要注意标记到作品中（下水道，安装设备等）。

门缝和窗缝根据光透入的范围测量（室内距离）。

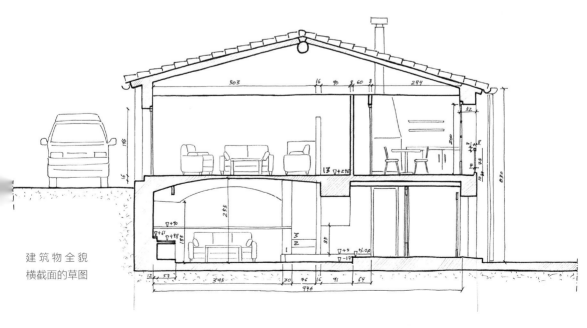

建筑物全貌横截面的草图

特别注意事项

在绘制不规则空间时，需要确保参考了所有必要的参照对象。在很多情况下，我们会因此需要专为某个区域画一幅草图。

一处空间的精准绘制所采取的测量标准到厘米，最高精确到半厘米。使用毫米作为测量标准是不合理的，也浪费时间。

测量铺好的地板时，要把覆盖物的厚度记录在内。例如测量这块地面的尺寸时，要计入地板本身的厚度。所有的工作都完成后，我们会对空间有更深刻的了解。

如果之后要实施装修工程，这个时候就应该再在整个空间内走一遍，确保在脑海中对该空间留下深刻印象。

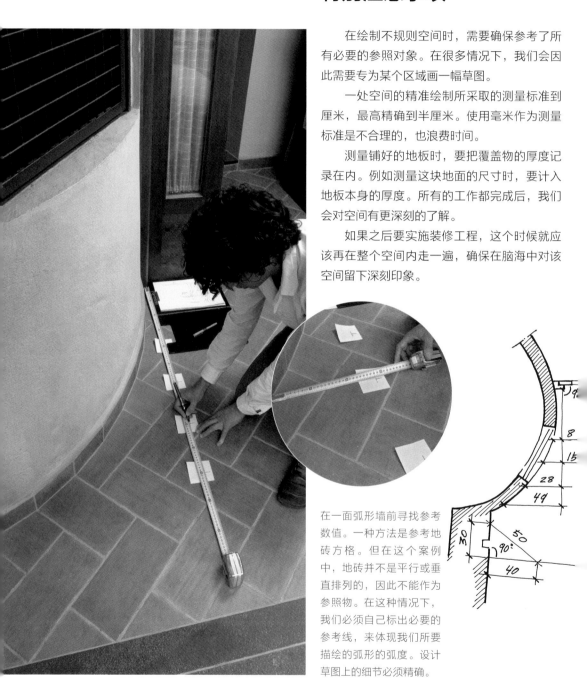

在一面弧形墙前寻找参考数值。一种方法是参考地砖方格。但在这个案例中，地砖并不是平行或垂直排列的，因此不能作为参照物。在这种情况下，我们必须自己标出必要的参考线，来体现我们所要描绘的弧形的弧度。设计草图上的细节必须精确。

以窗台为参照物，可以采取以下方式测量其余部分：

如果上下宽不平行，可以测量窗洞最高处和最低处的长度；每个角的高度和中心线的高度；最后进行对角测量，方便绘制不规则的图形。

从草图到标准图纸

设计草图的作用是暂时性的，它等于是正式的建筑施工标准图纸的一个"草稿"版本。但不能因此否认这份工作的重要性；事实上，如果不在设计草图上投入足够的时间，就可能会导致其过度简化、不完整或难以理解。在根据草图绘制工程图纸时，这些问题就会暴露出弊端了。因此，我们在脑中常常会产生这些想法：

◎ 我不能再犯这样的错（自我反省）。

◎ 我可以打给客户，向他们索取我需要的支持（打电话前的某个念头，可以选择放弃）。

◎ 如果没有好的测量手段或者图纸中画不下，可以先把需要测量的区域拍下来，尝试通过参照物补充信息（采用这种方式可以避免最后一种情况）。

◎ 我不得不重新对某块不完整的区域进行测量，或从头开始验证某种之前没用过的方法。

尽管这是非常机械的工作，但还是建议在还对所绘制的建筑的特点有印象时，尽快根据草图绘制工程图纸。用字母或符号标注草图上的每个细节，同样能够方便定位。

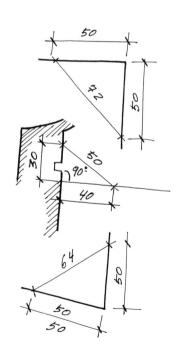

当一个空间的形状不规则时，它的墙不是四方形的。为测量两面墙之间的角度，我们需要参考地面和连接两者的对角线位置。一个确认墙角间角度是否为直角的方法是在一面墙上取3米，另一面墙取4米，验证斜边是否为5米。

分析与创意
阶段的绘制

设计也是选择。

—— 玛利亚·维拉罗

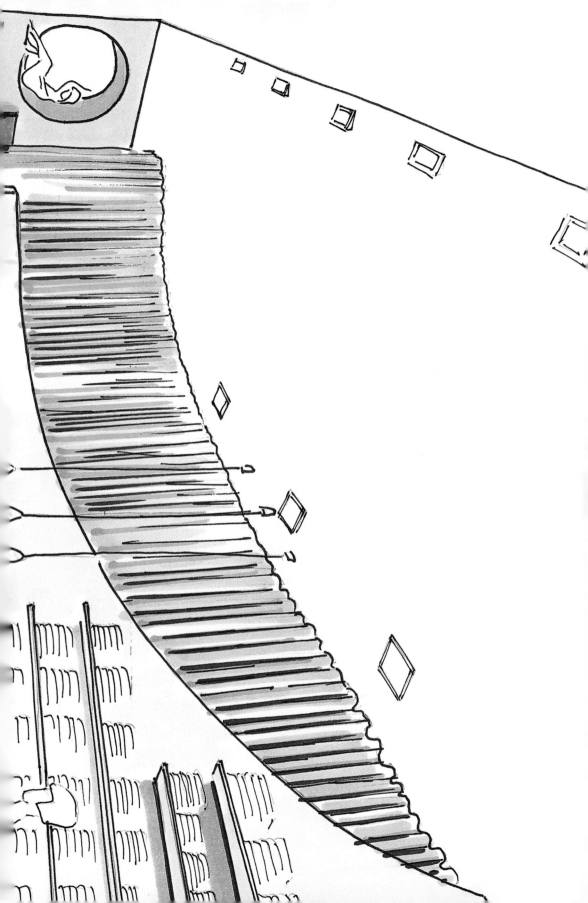

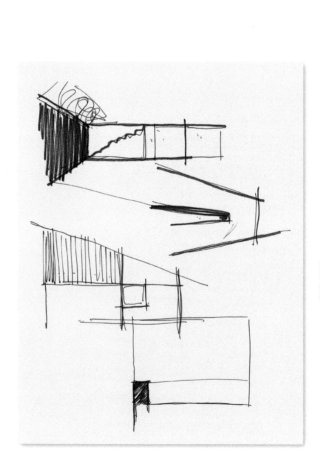

佛兰塞克·利斐

MB 屋草图，巴塞罗那伊瓜拉达的房屋

炭笔绘制

创意草图

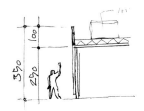

在上一章我们已经介绍了设计草图的基本特点，尤其是对具体空间的描绘。在这一章我们将谈到这类草图在分析和创意阶段的应用。

可以说，设计的创意是通过创意草图，将想法、手、工具、纸张结合在一起得以实现的。目的只有一个，就是将盘旋在脑海中的创意通过画面展示出来。创意草图可以是直接的、综合性的或启发性的。在创意草图中，使用何种绘画系统、技巧水平和美学评判标准都无关紧要。它是一种只属于设计师个人的语言，不过不可否认的是，优秀的表达能力对画好创意草图确实有帮助。在创意草图中，很多构想在付诸于画面时会有所变形。最初的画面通常都是根据直觉绘制的，之后才通过各种可行的方式精炼信息，达到理想的效果。

分析图、概念图
分隔空间与整体视觉研究

　　项目进行到这个阶段，会包括各种不同的步骤，各个步骤未必需要联合起来才能进行工作，但也未必绝对分开，因为这些步骤之间并不是完全隔绝的。通常，室内设计师一旦掌握了所有信息，最常见的做法就是会自发地进行以下步骤的工作。

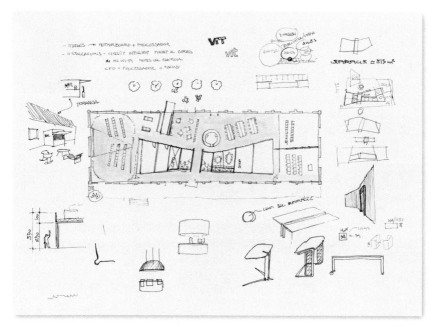

西班牙巴塞罗那维克区的Mediateca住宅设计项目创意草图。由玛利亚·维拉罗创作，以尖笔头的毡头笔绘于DIN A3尺寸的硫酸纸上。在这幅画中包括了分析图、概念图，以及整个项目的分隔空间整体视觉效果图。

　　分析图，包括了框架和标注的设计稿。

　　概念图，引进其他种类的画法、材料、纹理、照片、文字。

　　所用的素材都是由作者自己加入的，被设计师视为创意的来源，设计师从中获取灵感，日后实践于设计项目中。

　　到了这个时候，"所有的牌都已准备好，是开局的时候了"。也就是开始画画的时刻。

　　通常设计师会致力于呈现出整个空间的全貌，随后缩放某个具体的区域，所用的方法是画一张部分空间视觉的平面图，或相反：呈现分隔空间与整体视觉效果图。

　　"开局的时刻"是不确定的。在有些项目快要接近尾声的时候，会突然发现一张新牌，导致你不得不回到原点，几乎从头再来一遍；而在另一些情况中，一切都出奇的顺利，很快就能结束这一阶段。

　　这些画使用不同的投影方法。建议以三维的角度来思考、感受和捕捉灵感，这会有所帮助。这些画中的任何一部分都可被称为创意草图，但最具代表性的是有三维效果的那些。一旦等我们确信已经把效果展示清楚了，就可以把数据导入实际的工程图纸中，如今这一步骤可以通过电脑软件来完成。

通过草图记录创意的两种不同方法

创意草图的绘制工作是极其个人的、主观的，有时甚至是私密的。然而，只要保持密切沟通，这项工作同样也可以由两人或两人以上的设计师共同完成。在后一种情况下效果时常有惊喜，因为共同完成工作有助于集中注意力，鼓励共同思考，并丰富了每个个体的资源。当设计师独立完成工作时，他可以采用自己独有的画法，不用考虑其他人是否能看懂他的图。相反，在团队合作时，需要确保团队的每个成员都能看懂草图。在后一种情况下，创意草图起了非常大的作用，成为一种沟通的工具：通过使用它，可以节省交流的时间，加快项目进程。

在硫酸纸上画分隔空间图是最有效的。这类草图构建起平面的视角，而且，只要稍有经验，就能依此画出任何部分的结构比例图。

同时审视多种不同的方案也是一种有效的工作方式。

西班牙巴塞罗那特拉萨区一个水果摊的设计项目创意草图。用细毡头笔在 DIN A2尺寸的硫酸纸上绘制。彩色部分由毡头笔绘制。画面中包括了分析图、概念图，以及整个建筑的分隔空间整体视觉效果图。

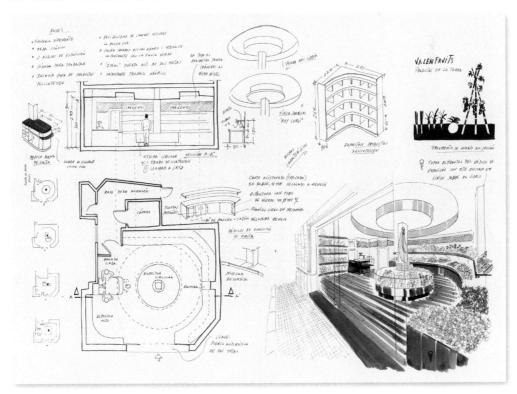

创意草图，
超越快速绘图

创意草图比速写的要求更高，它是完美实现一个项目的基础。在创意草图中，我们将第一次看见设计师如何把想法视觉化、付诸于实践，我们用它来和其他协作者以及客户进行沟通。创意草图日后甚至会反映到正式的设计项目中，引导它涵盖草图中所反映的创意精神。

从创意草图到效果展示图

许多草图比最终的效果展示图更具启发性，当然，因为后者需要呈现更完整的效果，增加了更多信息，为了能够提前感知到空间的呈现效果，留给读者的想象空间就变少了。我们要记住，创意草图是在很短的时间内一挥而就的，主要目的是为了快速记录某个创意或捕捉某个空间的特质。

巴塞罗那维克区3,000 ºK公司的展示厅设计项目入口处创意草图。玛利亚·维拉罗为Criterio工作室设计。

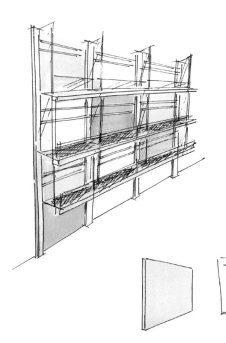

一家面包店的彩色创意图和最终效果展示图。

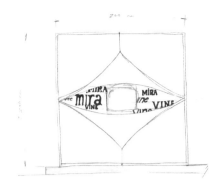

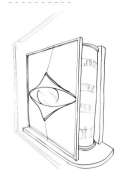

为Top treks&tours旅行社设计的一个陈列窗的两种不同视角的创意草图。

创意草图作为唯一的设计文件

在有些简单、小型、快速完成的设计项目中，设计仅仅参考创意草图完成。在很多橱窗设计的案例中，甚至创意草图本身就被当成设计成稿来使用。在这些情况下，设计草图是整个项目中唯一的图形文件，涵盖了项目要求的所有阶段。

作为创意来源的形象

不必问设计师"灵感从何而来？"参考这两个和草图的图像记录多少有些关联的案例。设计师未必总会记下自己的创意来源，但在这些案例中，记录中的形象与最终成品无疑有着密切联系。

一个装修项目的草图，大厅的入口与邻舍相连。在一条狭窄的长走廊中，设计师建议在一侧画画，另一面装一扇镜子。创意灵感来源于在日内瓦的杨树丛中漫步的回忆。

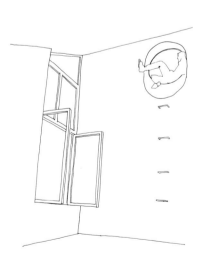

Kerala的一家服装店的设计草图。灵感来自上面的这个图像记录。

设计师的笔记本

这是一本笔记本，每位设计师可根据自己的品味和要求选择。它的形状、重量、装订方法、纸张的类别和页数都应该尽量符合每位设计师各自的不同习惯。一本笔记本画完后不要扔掉，可以保存起来作为日后的参考，还可以用来与其他设计师切磋设计理念。这本笔记本有许多作用，可根据每位设计师的不同需求定制。接下来，我们来介绍一下它最常用的三种功能。

技术草图

在笔记本中，我们可以记下值得注意的建筑方面的细节。一个好方法是带着相机等设备拍照作为补充，将打印出来的照片贴在草图旁。画画本身看起来效率比较低，但它有一个很大的好处：在画面上的所有地方我们都可以添加备注，相反，在照片上则做不到。

室内设计师弗朗西斯科·弗拉盖拉的私人笔记本，上面有为卡塔尔的一家旅馆的设计项目收集的图像素材。

设计师萨拉·卡塔兰的笔记本，绘有某种家具类型的相关创意及图像。

画画是一种有长远好处的行为，因为画下来的形象能在记忆里保持很久。通过这种方法，我们可谓在脑中建立了一个创意的档案，方便在日后将这些创意应用到新的建筑项目中去。

创意素描

在工作中，我们常常为了解决某个难题昼思夜想，但没人知道创意到底会在什么地方、在哪个具体的时刻会突然降临。因此，为了防止脑中的灵光转瞬即逝，最好能将它快速记录到笔记本中，之后可以再补充更多细节、上色等等。有时候，一个相当精彩的创意甚至能解决某个尚未发生的问题。通常贴一些图像或文字资料也是可行的，无论其出处如何，这些资料能给设计师提供一种新的视角。有时候，设计师需要这种小小的助力来帮助实现某个创意。

旅行笔记本

设计师的笔记本会变成一本旅行记录，其中包括有室内装潢、建筑物、风景、人物的种种图像，设计师常常会做这种练习。现场的记录可以很完整，也可以较为粗略。在任何情况下，如果在绘制创意草图时有需要，日后设计师可以慢慢添加阴影、纹理、颜色等。

纽约Gilt饭店的吧台，由帕特里克·朱伊设计。

纽约Pio-Pio饭店的绘画记录，由塞巴斯蒂安·马利斯加尔工作室设计。

效果展示图

只有当我开始动笔时，才能了解自己的想法。

—— 奥诺雷·德·巴尔扎克

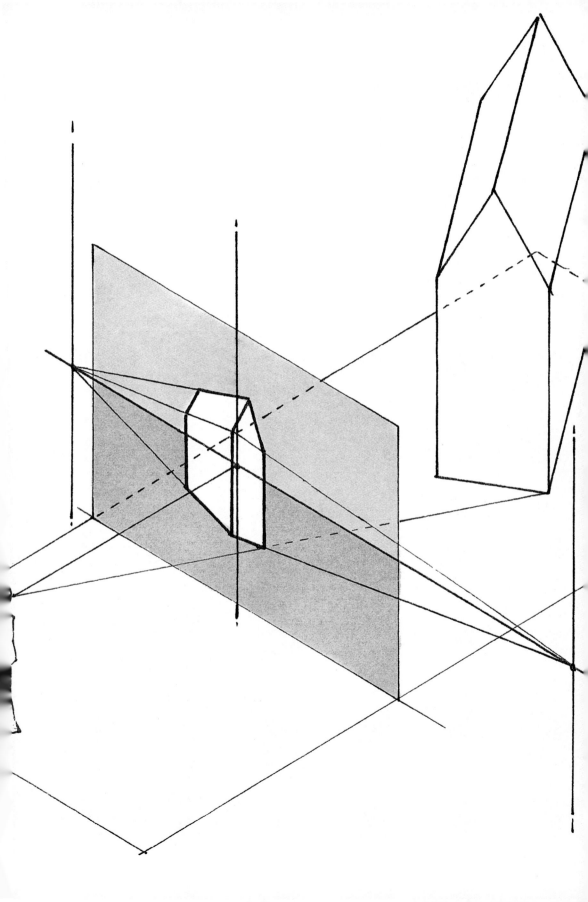

透视，

哈维尔·希梅内斯
布鲁内列斯基实验，它助力了文艺复兴时期透视法的发明

感知现实

如今众所周知的透视法，是源自文艺复兴时代的智者们发明的一种几何构成法。丢勒将其定义为"透过……观察"。简单来说，就像坐在一面窗户的后面，仅靠眼睛的观察来绘画。通过这种方法，能够以正确的视角，在二维平面上画出观察者所见的实际视觉效果。事实上，这是从多种视角中分辨出三项投影透视效果的唯一观察法。通过这种方法，多种线条汇聚到一个单独的点上，而随着与观察者距离变远，各平面的大小会相应缩小。因此，通过透视法我们能感觉到的不光有景深，还有距离的远近。了解透视知识后，就能自觉分辨我们所感知的现实与客观现实之间的区别，也就是说，我们要根据物体呈现出的样子，而非我们所知道的样子来进行绘画。

透视基本原理

以一个平行六面体—— 立方体为基础，反映物体及空间面积。接下来，会分别介绍不同的透视法及其不同的表现。

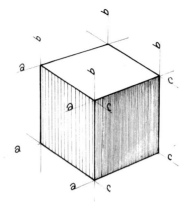

所选的这个平行六面体（立方体）有十二条边，因此可以做三组平行线组，用字母a、b和c表示。

平行线组

第一步是将互相平行的线列为一组。在画面中用a、b和c字母表示。第二步是决定哪些组能反映空间景深，哪些不能。一组或多组反映景深的平行线组构成了一个或多个消失点。

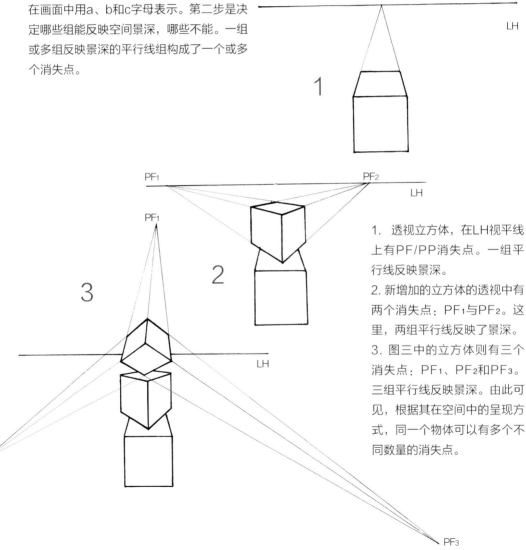

1. 透视立方体，在LH视平线上有PF/PP消失点。一组平行线反映景深。

2. 新增加的立方体的透视中有两个消失点：PF₁与PF₂。这里，两组平行线反映了景深。

3. 图三中的立方体则有三个消失点：PF₁、PF₂和PF₃。三组平行线反映景深。由此可见，根据其在空间中的呈现方式，同一个物体可以有多个不同数量的消失点。

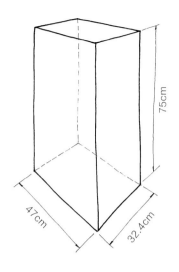

我们先定义所能画出的最大范围的物体轮廓：宽、高、深。然后，根据对应的比例绘制平行六面体，标出消失点，画出透视图。

平行六面体在透视中的作用：立方体造型

这一造型的顶点和各个面组成直角，正好符合三条空间轴线（x、y、z）。在任何一个建筑物的室内设计工作中，大部分的空间和家具都由平行六面体的形状构成。

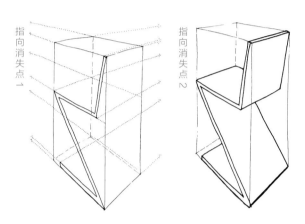

寻找该物体的体积比例，以及消失点。
折叠椅，G. 里特韦尔设计，1934年。

非立方体造型

展示各个面间并不互相垂直的空间或物体的一种透视方法是将其内嵌到一个立方体造型内；这有助于日后的绘画，并能确保透视中的各个消失点及方位。在这里举一个例子。

我们首先确定该不规则空间的整体轮廓，以便之后将其内嵌入平行六面体中。

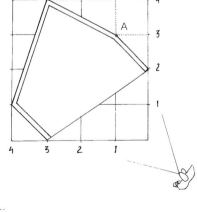

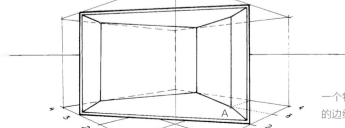

一个物体的透视视角。点A投影到了立方体的边线上，方便定位。

透视元素

以下的定义对于理解本章至关重要：

◎ **基面（PG）**。观察者所在位置的水平面。几乎总是地面。

◎ **视点（PV）**。空间中的一点，代表观察者的位置。

◎ **画面（PC）**。想象的平面，垂直于基面，现实画面的投影。之后绘画时，会在纸上呈现出这种投影。

◎ **画面线（LT）**。画面与基面脱离后留在地面上的水平线。

◎ **中视线（RVP）**。从视点延伸出的直线，垂直于画面。

◎ **主距**。视点到画面的距离。与中视线重合。

◎ **主点(PP)**。中视线与画面的交会点。与消失点的功能相同。

◎ **视平线（LH）**。经过主点的线，平行于地面，与眼睛的高度齐高。

◎ **视线（RV）**。我们需要画出的从视点到物体的点，根据它与画面交会的轨迹，能够产生出需要呈现的消失点。

◎ **消失点（PF）**。一组平行线交会的终点。

◎ **消失线（TF）**。到达某个消失点的直线，垂直于视平线。在这条线上能找到同一平面中的线条内所包含的消失点。

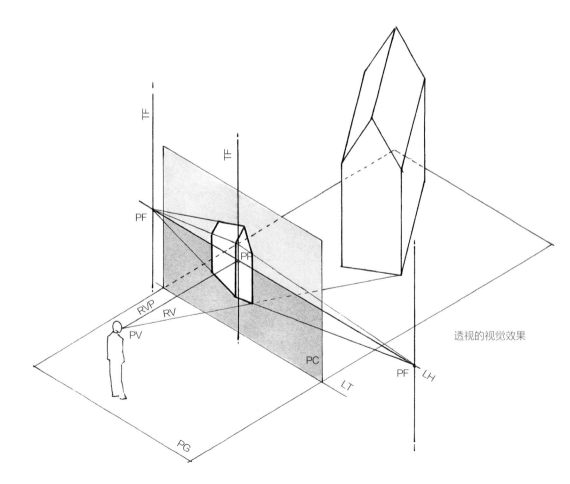

透视的视觉效果

A. 各个面维持原有形状。距离视点越远，面积就越小，直到与主点重合或消失；相反，如果平行于画面移动位置，各个面的大小不变。

反映景深的方法

　　平行线根据与画面的相互关系进行分类：平行于画面的不能反映空间景深，而非平行的则可以。

A. 画面的平行线：维持原有方向，没有消失点。

B. 垂直于画面的线与面：总是向着主点方向逐渐延伸至消失，随着距离变远，体积相应缩小。

C. 平行于基面，与画面呈斜角的线：消失点位于视平线上。

D. 与画面和基面都呈斜角的线：消失点在垂直线上。

B. 各个面无论是与画面的距离变远或平行于画面进行移动，形状都会发生变化，面积都会变小。

D. 平行的各个面中所包括的线消失的消失点全都落在同一条垂直线上。这个情况最常见于覆面和楼梯的设计。

C. 在这种情况中，有多少组平行线就有多少个消失点。

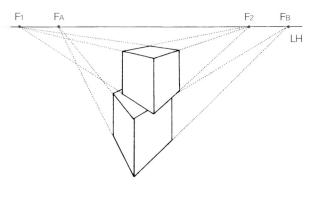

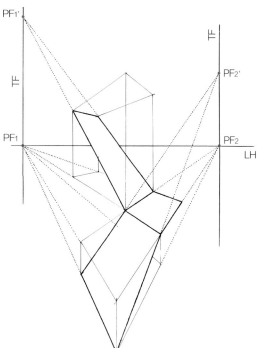

观察空间或物体的位置

在开始画透视图之前，先要考虑以下三点：视点、画面和工作目的。这些要素之间相互关联的方式决定了画面的效果，是否具体可视化空间的某一部分而弱化另一部分，是否需要画出整体空间环境，等等。学会选择视点意味着要根据空间进行移动。

视点的垂直移动

在这种情况下，视点在同一垂直线上移动。最常见的高度是高于基面1.50~1.80m之间的位置，与一个人站立时的视线高度相同。如果降低这个视点位置，就会过于强调天花板，而失去地面的画面表现能力，反之亦然。

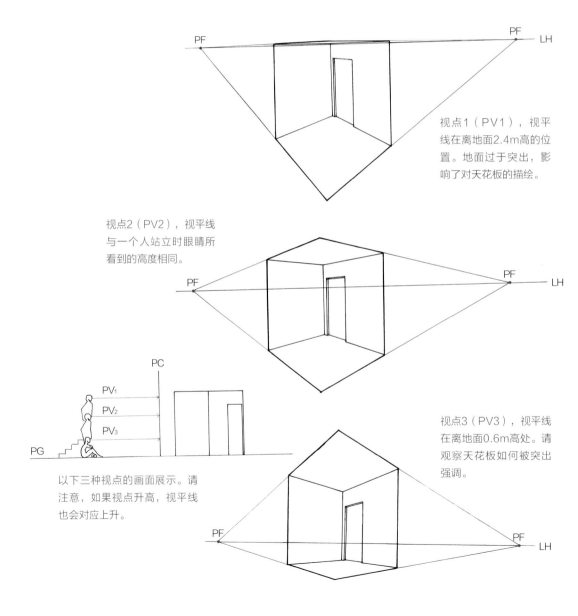

视点1（PV1），视平线在离地面2.4m高的位置。地面过于突出，影响了对天花板的描绘。

视点2（PV2），视平线与一个人站立时眼睛所看到的高度相同。

以下三种视点的画面展示。请注意，如果视点升高，视平线也会对应上升。

视点3（PV3），视平线在离地面0.6m高处。请观察天花板如何被突出强调。

旋转——视点的移动

　　在这种情况下，视点的移动等同于观察者在空间内移动，或绕着某个具体物体移动，以挑选出设计师最感兴趣的区域，或相反，判断其将会忽略的区域。在设计手绘中，要旋转空间或物体，要沿着视平线移动消失点。

在这个视点下，尽管画的并非正面透视图，但看上去很相似。请注意消失点1（PF1）如何靠近主点（PP），而消失点2（PF2）则逐步远离了它。

如果继续这样旋转空间，到某个程度，一个画面会挡住透视图的内部，因此要避免发生这种情况。在这种模式下，我们要将注意力集中在后面和右边的透视面上。

一个空间的透视图，基面为方形，消失点与主点等距离，能确保画出一个完美的正方形基面。

视点距离

　　观察者与一个空间或物体的距离可远可近。要在画面呈现上显示出直接效果，可以使消失点之间互相靠近，使其更接近视点；或者将消失点之间分隔得更远，使其离视点间的距离变远。这样，视角就会相应地变得更开阔或更狭窄。要注意不同的透视空间给人带来的不同感受。接近视点代表着移动、转移、紧张感；相反，远离视点能让人感到平静、客观、公正。人类的大脑更习惯于接受"正常视角"中的物体，指的是位于视角30°到40°内的存在。因此，与视点之间的分离角度应该就构成上述角度标准，不过根据需要呈现的空间和物体的规模大小，也可作相应调整。

P

30°

PV

向PF₂方向

PF₁

L

这个距离符合人类视角。

PC

60°

PV

PF₁

LH

PF₂

这个视角的距离太近了。因此，尽管画的是正方形，但感觉却像长方形。

PC

80°

PV

PF₂

LH

PF₁

这个视角的距离极端地近，因此立方体给人感觉像六面体。三者的位置本身都是正确的，但具有不同的意义。

透视面的分割方法

在空间画面中，常常需要把透视面和直线均等分。例如，人行道的地砖、等距离的柱子、吧台上镶嵌的一排灯、书店中书架的架子脚、饭店里的桌子，许多诸如此类的情况。如果一个室内设计师已经拥有等比例分割透视图中的线条的丰富经验，就不用照搬下面这种方法；不过，线条和透视面的透视程度越复杂，分割比例的计算就会变得越困难。

按偶数分割

1. 首先画两条对角线，找到透视面的中心点。

2. 沿中心点画一条平行于垂直线的直线，再画一条水平线，延续到消失点消失。这样，我们就能知道透视面各个边的等分距离。

3. 按这种方法继续细分，直到分割出所需要的均分数量。

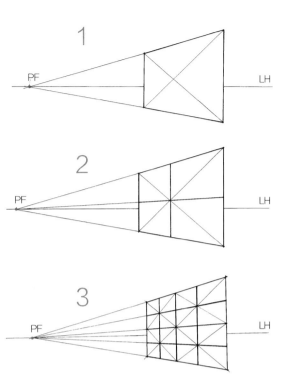

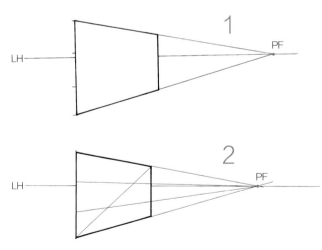

按奇数分割

1. 在透视平面内找到一条垂直线，按需要均等分。

2. 画出由此延伸的线条，到消失点消失。然后画一条对角线。

3. 根据这样标出的位置进行剪切分，就能知道透视平面的各部分的面积分配。

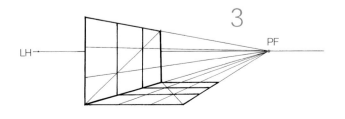

有两个消失点的平面的标线

画出有两个消失点的平面的标线是很有用的，比如可以用来标记人行道的地砖或用于分配家具。步骤很简单：先画一条与视平线平行的辅助线，将其均等分，之后从每个等分点出发画出对应视平线的消失线。辅助线的原理很简单：根据景深表现原理之一，任何一条平行于画面的线（也就是平行于视平线的线）都不会消失，而会维持其形状。因此，用这种方法能实现均分。

我们先画一条辅助线，与视平线平行，将辅助线上按需要均等分。然后，从每个标记点出发，画出消失线。

PF₁　PF₂　LH

辅助线

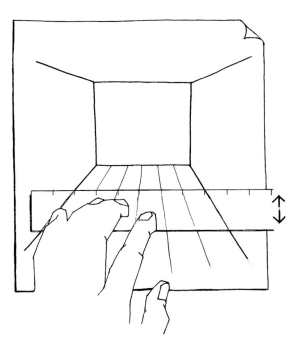

一种分割方法

有一种均分线条的方法是沿着想要等分的线条移动一把尺，知道厘米数符合我们需要分割的距离。这种方法不是很精确，但在手绘工作中很常用。

我们想要均分画面深处平行于投影面的一根线条。比如将其分为六份，用于分配镶木地板的六块地砖。我们移动量尺，直到2cm和8cm的标记位置与消失线相重合，然后标记出均分点。要注意时刻保持量尺的平行。然后，沿每个标记点画出朝向主点的消失线。

透视的直接方式

我们提出这种直接透视的方式，不是为了系统地运用，只是有利于使其与景深或比例等密切关联。无论使用这种方法还是其他方法，使用如立方体或棱柱体等简单的元素，包括使用不同的观察位置和不同的视点，都是可以的。

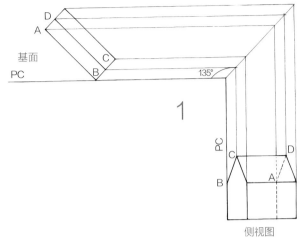

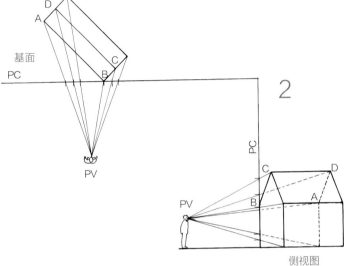

1. 在需要的位置先画一个基面，然后投影出它的对应高度。

2. 选择视点，画出视线，标记出与画面的交会点（PC）。

3. 最后，为确认透视点，从画面上的交会点开始，向与其相交的各个面画垂直线。

消失点

我们在这里没有使用消失点，但如果将各组平行线延长，它们最终还是会交会到一点上，也就是消失点。而将消失点连接起来就能画出视平线。

视角

视线之间形成的最大角度为45°。如果想要画出视角更小的透视图，只要将观察物体的视角向后撤即可。

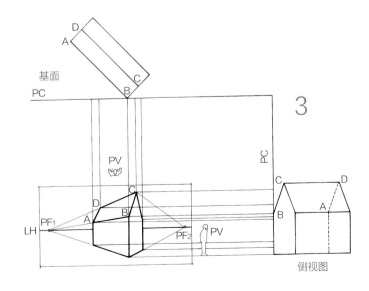

圆周图形的画法

无论是否画透视图，圆周图形的画法都是最考验功力的。在这几页中我们会介绍一些模式，能够帮助大家更好地理解圆周造型与视点和画面之间的关系。

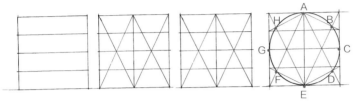

一个圆周图形的画法，经过点A、B、C、D、E、F、G、H。

平行于画面的圆周图形

这种情况较好处理，因为它在透视图和二维画面中的视觉效果是一样的。会发生这种情况，是因为圆周图形所在的平面与画面正好平行。为拓展这一概念，可参考之前的"透视基本原理"，具体可见"反映景深的方法"一章。

一个空间中有两扇圆窗，三个半圆形拱门。主点在最后面的墙上。无论拱门还是窗户都没有变形。

一个包括在平行六面体内部的圆柱体，底部与画面平行，因此形状不变；然而，与该底座相对的另一面的大小则缩减了。注意观察圆柱体的母线如何向着主点方向消失。

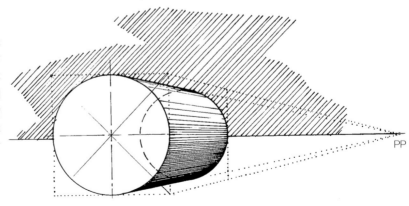

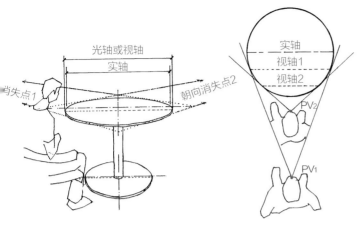

画一个不平行于画面的圆周图形，其结果就是实轴在透视图中会小于视轴。

视点1和2（PV1和PV2）的视轴都比真正的实轴更长。此外，距离观测物体越近，反差就越大。

不平行于画面的圆周图形

当圆周图形并不平行于画面时，要注意在视觉效果上，实轴与视轴是分离的。在下面的这些例子中所画的是一种常见的情况：对圆桌的描绘。在室内设计手绘中画圆周图形透视的一种方法如下：首先画一个仅有一个消失点的透视面，方便之后对圆周图形透视的描绘。然后，画出对角线，将其对半分，这样我们就可以明确知道圆周图形将会呈斜角穿过至少ABCD四个点。（在设计手绘中）这样我们就能大致了解到视轴的位置，它标记出了圆周图形的最大宽度。最后，依此画出圆周图形。

要画圆周图形的手绘透视图，使用基于一个消失点的透视面作为辅助会很有帮助。在这幅画面中我们标出了实轴，与圆周面斜角相交的点（A、B、C、D）和画面；也标出了视轴，它代表了圆周图形的最大宽度。

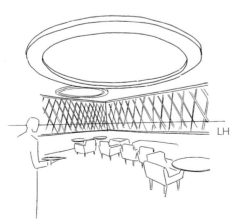

透视图的其他部分按常规原理，使用必要的消失点画出。Maxwell Elsa饭店，摩纳哥，由尹迪亚·玛达微设计的装修工程。

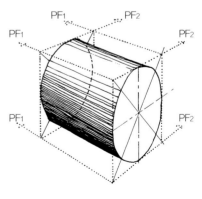

在平行六面体内的圆柱体。注意画面轮廓的母线与圆柱体的母线总会斜角相切。

楼梯的透视

楼梯的作用是连接两个不在同一高度的平面。楼梯由一格格的台阶或梯格组成，每一个梯格有一个踏面（H）或所踩的水平面和一个砌面（C）或填充面，砌面代表两个踏面之间的高度。

基本标准

接下来，我们要介绍一些基本的建筑标准：不过，由于每个地区的规定不同，其标准也会不同。出于工程学原理和安全性的考虑，踏面和砌面的大小应符合2C+H=64(以厘米为单位)。楼梯的扶手，其直径不能超过5cm，高度位于90cm处。除此之外，每隔一段台阶需要设立一个楼梯平台，具体阶数参考各地的现行法规。

绘制

楼梯与倾斜平面的画法一致（参考"透视"章节第101页）。它到地面的投影和楼梯的台阶的消失点位于视平线上，但悬面落在消失线上（TF）。有时候在作画时为节约时间，不会标出楼梯的消失点或消失线，因为它们都在画面之外。相反，设计师依靠直觉判断其大致位置。在画一段楼梯时，能对消失点的位置判断准确，比搞清楚具体的台阶数目更有用，因为楼梯的台阶数目最终根本没有人会去数。

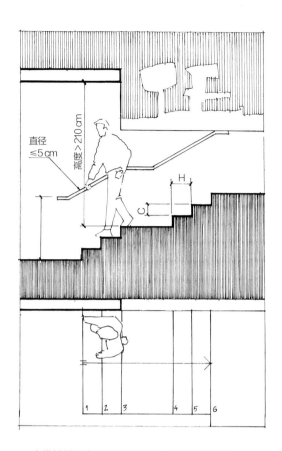

一个带楼梯平台的六级台阶的正视面和基面图。

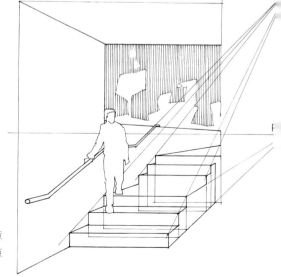

有一个消失点的一段楼梯的透视图。注意悬面所有的消失线汇聚到了同一个消失点上（主点），都是主点的消失线。

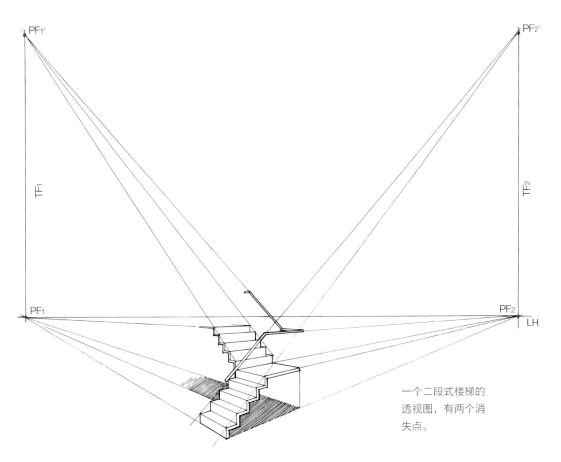

一个二段式楼梯的透视图，有两个消失点。

根据主轴绘制蜗牛型楼梯

蜗牛型楼梯的手绘是比较粗略的，因为它的实际建筑很复杂。不过，只要我们了解它的主要特征，还是可以简化的。我们可以将楼梯放入一个圆柱体内，其高度就是根据台阶数量算出的高。在其中再放入另一个圆柱体，它可以被视为这段楼梯的主轴，无论楼梯本身是否具有真正的主轴架。蜗牛型楼梯的轨迹是螺旋型的。主轴和螺旋的次数根据台阶总数进行分配。

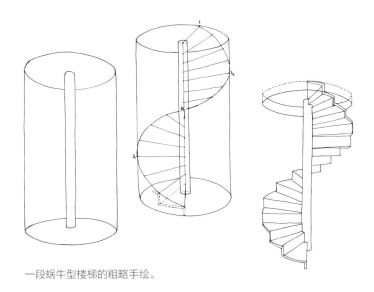

一段蜗牛型楼梯的粗略手绘。

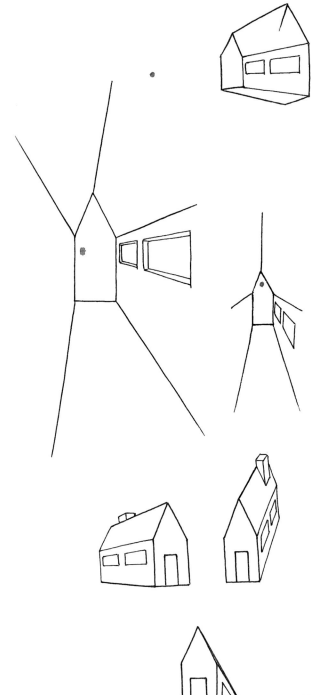

轮廓与比例

　　当我们想要记下某个想法时，会快速将它画下来。在这种时候，我们不得不舍弃之前介绍的那些更精确的专业绘画方式，而更多的是依靠直觉来作画。

中心轮廓

　　接下来画这座二维平面图中的房子的外部和内部的轮廓透视图。要记住将同类线条归于一组的重要性，如：a.长度，b.宽度，c.深度（见第98页）。前四个步骤至关重要，不管画简单还是复杂的物体和空间，这都是接下来的工作的基础。各平面的比例最好能经过核证，而在实践中，我们需要通过感觉来判断所需要的消失点所在的位置。理论上，外部和内部的透视图没有太大区别，只是平面的消失方向不同。这种直觉判断的最大优势是，在标出消失点之前，我们就已经视觉化了整个画面，这本是各平面在透视图中延展后的结果。如果把消失点固定在正前方的平面中，画面就会呈现整体对称效果，如果想强调该空间的特点，这是最好的方法。如果不这样做，也建议不要只集中在一个消失点上。我们总是根据空间在二维系统中的比例关系进行工作。我们在脑中先将其视觉化，或透过一个基面进行观察。

小屋不同的内部和外部视角，消失点对应变化。

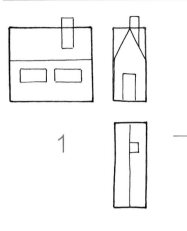

1

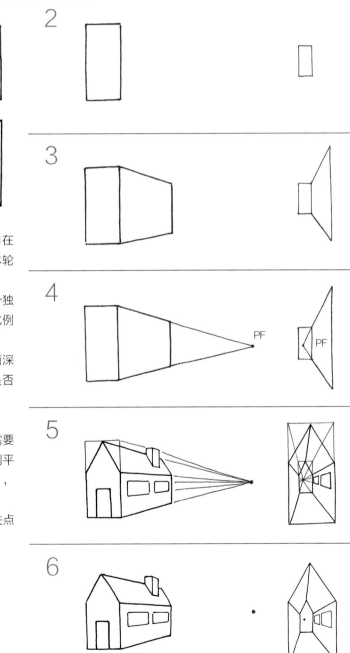

1. 在二维视角中标出我们在每个平面中将要描绘的物体轮廓。

2. 先画平行于画面的第一个独立尺寸的透视平面，确保比例与二维图中的比例一致。

3. 根据消失线方向画出画面深处的透视平面，再次检查是否符合事实。

4. 找到唯一的消失点。

5. 在每个透视平面中补充需要的细节。使用辅助手段分割平面（参见第105、106页），尤其是在有需要的情况下。

6. 画面完成后，擦去到消失点为止的所有延长线。

两个消失点的轮廓图

如果一幅画面只需要一个消失点就能呈现，我们只要缩减画面的深度即可。相反，对于在视平线上需要两个消失点的画面，需要同时缩减深度和宽度。下面的图展示了这个过程。有些步骤与中心轮廓图的画法是一致的。

画小尺寸图形的优势

一个常见的错误是在使用这种方式作图时，为了使消失点留在纸张范围内而过于突出画面，这种做法常会导致画面的比例不正确。如果画面很小，消失点被画到纸张外面的可能性就变小了；尽管如此，如果真的出现消失点超出纸面的情况，也可以在纸张外缘的桌子上标出消失点。

从草图到透视

要用透视的方法呈现一个空间，我们建议先画几张不同视角的草图。可以缩小画面的尺寸，这样掌控比例比较容易，工作效率会更高。之后，从这些草图中挑选一幅，放大到需要的尺寸，可以通过复印机放大，或通过扫描仪放大后打印出来。

1. 在二维视角中标出在每个平面中将要描绘的物体轮廓。
2. 先画第一个消失面，然后每次都要确保比例与二维图中的比例一致。
3. 寻找第一个消失点，延长消失线至画面交会处。
4. 从消失点（PF₁）开始画一条平行于视平线（LT）的线条，在上面标出剩下的消失点。这条线条位于观察者的眼睛所在的高度。

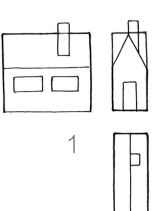

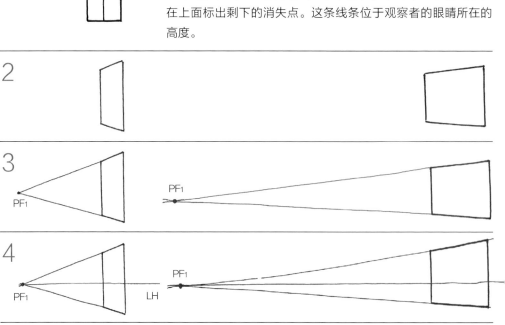

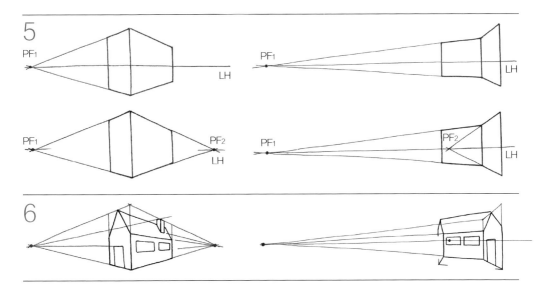

5. 画出垂直面，检查画面是否符合实际情况。同时，使其延长线在视平线（LH）上交会。

6. 现在可以画出需要的所有细节了。我们需要再次提醒大家，同一组平行线的消失点是一样的，除了反映高度的垂直线。除非是很高的空间或物体，不然垂直线就不会消失。

前文的小房子根据不同的消失点，呈现的外部和内部的不同视角。

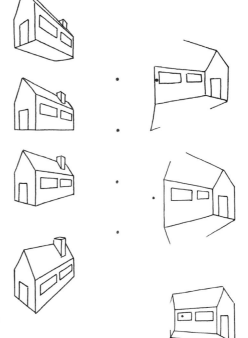

另一个选择是根据定标器将画面放大。选用这种方法可能会更快，只需要4至5次测量。我们先在一个小规模的草图上进行测量，然后将它等比例放大。我们可以用这种方法画出参考案例中的小房子，也可以用它反映任何物体或空间的形状，不管它有多复杂。一旦我们确定了所要呈现的视角和整体比例，只需要添加需要展示的细节或画面大小所允许的内容就可以了。

透视中的阴影与倒影

透视图中的阴影是我们判断物体靠地面、靠墙还是悬空的参考元素。通过它，透视图的作用超越了对空间的整体理解。根据光线的不同投影方式，将阴影分成两组：太阳光和人造光。接下来，将通过具体的例子介绍这两种不同的类别。

平行的太阳光下的阴影

在这种情况下，每条光线是互相平行的，它的倾斜方式可以变化。我们从画面的每个顶点出发，沿着光线的轨迹拉出直线，画到它们与地面（基面）的交会处。这种画法符合这些规定：

1. 垂直面的边缘与所投射的阴影互相垂直；没有消失线，因为它与画面相平行。

2. 水平面的边缘在平行位置投射阴影。这时，两者的消失点相同。

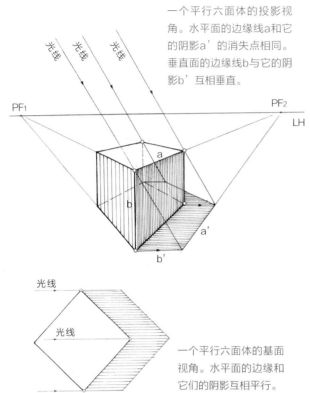

一个平行六面体的投影视角。水平面的边缘线a和它的阴影a'的消失点相同。垂直面的边缘线b与它的阴影b'互相垂直。

一个平行六面体的基面视角。水平面的边缘和它们的阴影互相平行。

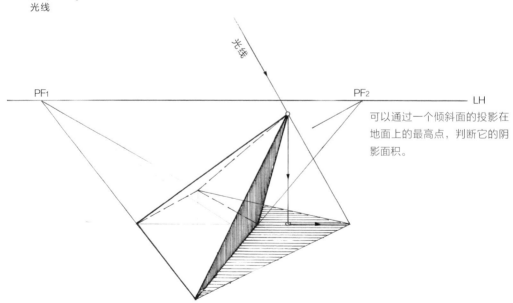

可以通过一个倾斜面的投影在地面上的最高点，判断它的阴影面积。

阴影的实际应用

在室内设计中，不管是草图还是细节更完善的画面，投影阴影的应用方式没有具体的规定，每个设计师都有自己独有的风格。然而，如果想画出一幅符合事实的画面，之前所说的通用规范必须要遵守。在太阳光是主要光源的情况下，我们可以应用这种类型的阴影。在由路易斯·巴拉干设计的皮埃特罗·洛佩斯家的餐厅中，我们选择使太阳光与物体之间呈30°，使光线能照射到尽可能深的空间。在这种情况下，色调之间有强烈的对比。

30°

皮埃特罗·洛佩斯的家，由路易斯·巴拉干于1948年在墨西哥城设计。

PERSPECTIVA.

在三维视角中，平行光线的效果最佳。例如在左图的这把椅子上，光线的投影始终互相保持平行，创造出一种等距离的视觉效果。

扶手椅模型"A"，卡洛斯·奥希纳加，巴塞罗那。

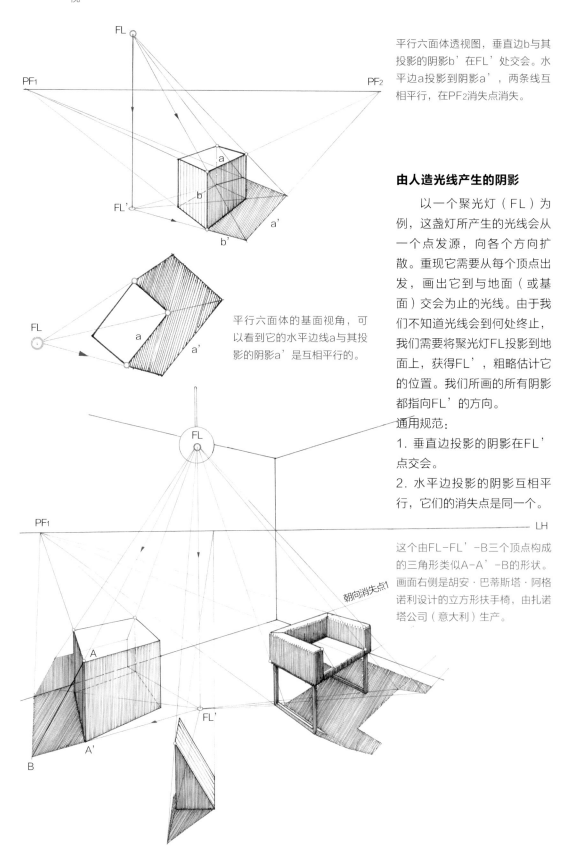

平行六面体透视图，垂直边b与其投影的阴影b'在FL'处交会。水平边a投影到阴影a'，两条线互相平行，在PF2消失点消失。

由人造光线产生的阴影

以一个聚光灯（FL）为例，这盏灯所产生的光线会从一个点发源，向各个方向扩散。重现它需要从每个顶点出发，画出它到与地面（或基面）交会为止的光线。由于我们不知道光线会到何处终止，我们需要将聚光灯FL投影到地面上，获得FL'，粗略估计它的位置。我们所画的所有阴影都指向FL'的方向。

通用规范：

1.垂直边投影的阴影在FL'点交会。

2.水平边投影的阴影互相平行，它们的消失点是同一个。

平行六面体的基面视角，可以看到它的水平边线a与其投影的阴影a'是互相平行的。

这个由FL-FL'-B三个顶点构成的三角形类似A-A'-B的形状。画面右侧是胡安·巴蒂斯塔·阿格诺利设计的立方形扶手椅，由扎诺塔公司（意大利）生产。

阴影的实际应用

乍一看，现实并不符合理论，因为在一个空间中会同时汇聚多种不同的光源，每种光源都会产生其独有的阴影。举例来说，一个日光灯管所产生的光与影是漫射型的，色调对比很弱。在一个用日光灯来照明的空间里，光是恒定的，几乎看不见阴影。而台灯的光更为直接，阴影就更显著，因此会创造出半明半暗的空间，色调的差别更为重要。

在下面这个酒吧中的透视图中，两种不同类型的光线互相交会，产生出阴影：一种光源来自隐藏在假天花板中的日光灯，另一种光源来自吧台上的灯。我们将这块四边形视为唯一的光源，应用前面提到的规范绘制阴影，以丰富物体的质感和空间景深。

阴影有不同的纹理。建议参考之前关于色调的章节（第34页）。

巴塞罗那萨瓦德尔街的小吃酒吧，以混合技法绘制。这是无数阴影呈现方式中的一种，有多少画家，就有多少种不同的方式。

反射

反射是对一个原始物体的反向复制；常见于光亮的材质上，如镜和水面等。尽管反射程度最高的倒影是镜子，但所有材料的倒影的描绘标准都是一样的。倒影能反映反射材料的质量，并且如阴影一样，反映物体与所在地面的关系。

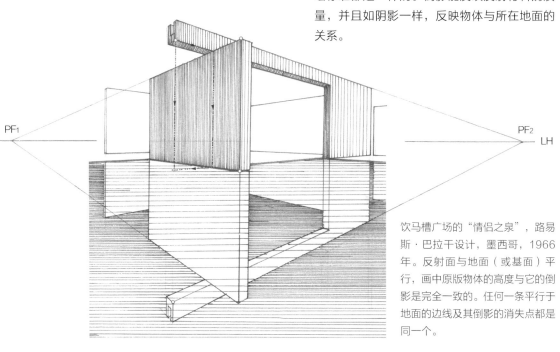

PF₁ 　　　　　　　PF₂ LH

饮马槽广场的"情侣之泉"，路易斯·巴拉干设计，墨西哥，1966年。反射面与地面（或基面）平行，画中原版物体的高度与它的倒影是完全一致的。任何一条平行于地面的边线及其倒影的消失点都是同一个。

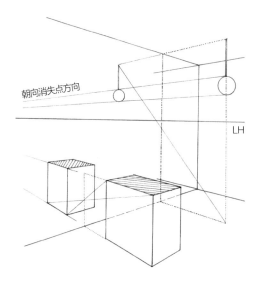

朝向消失点方向

LH

反射具有以下特点：

1. 在现实中，物体的倒影到达反射材质表面的距离与本体到达反射材质表面的距离是相等。
2. 物体与反射面接触会立即产生倒影。
3. 当物体与反射材质表面之间有一定距离时，首先要了解这段距离的长度。

当反射材质的表面垂直于地面（或基面）时，物体的原始尺寸在它的倒影中被缩小了。垂直边线与平行于反射面的边线汇聚到同一个位于反射面内的消失点中。

反射的实际应用

室内设计师的画稿中很少会完全按照上文的说明画出反射效果。为提高效率，常见的做法是在地板上大致标记一下倒影（如果有的话），如果一间屋子里铺有地毯或油布，那地板就完全是亚光的，在这种情况下画反射反而是个错误。但在任何情况下，如果不遵守绘制规范，都会有损反射倒影的视觉呈现效果，使其看起来像是一块污迹。

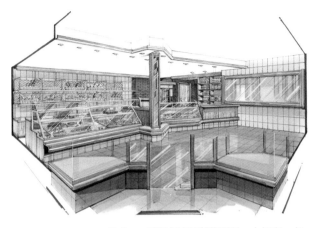

Salva一家面包店的装修项目。由胡安·卡洛斯·都德绘制的水彩透视图。

反射与反光

反射与反光的概念是不同的。后者指的是构成顶点或边线的极具反光性质的材料暴露在直接光线下产生的效果。根据我们的文化习俗，我们常会在镜子或者玻璃上画一个对角线组成的叉，该符号与反射无关，但代表这块材料有反光面。上图的面包店的透视图中，用蓝色的垂直线条完美反映了镜子造成的反射。我们从柜台上最重要的垂直边线中拉出延长线，并根据柜台处于亮面还是暗面，来决定色调是加强还是减弱。

在这个橱窗中用一种独特的方式展现镜子，目的是为了给人造成展示空间扩大了四倍的感觉。

弗朗西斯·D.K.·陈
排队走向巴黎朗香教堂的人群，法国朗香，
勒·柯布西耶设计

人物形象

　　如果说设计的基本前提之一是要使环境更为人性化，那么在主观和客观条件上都应该反映这一点。因此对设计师来说，从模型开始练习，逐步转为对真实自然的对象描绘，是一个很好的习惯。这不光是为了学会观察画面各部分之间的细微联系、进出人流的数量、平衡性、协调性……，也通过观察赤裸的、独立的人体模型的姿势，来了解人类身体本身的脆弱性、赤足的精致、人体的极限等等。所有的设计师都必须经受过这种熏陶，才能画出理想的效果，或者至少是确保正确的结果。该建议适用于任何一种设计，尽管每个设计师都会按自己的需求来描绘不同的人物形象。室内设计有它独特的需求，具体内容参见下页。

人体测量学介绍

在人体测量学中，人体各部位的长度之间有比例关系。在所有类别的设计工作中，人体测量都是通用的、必须完成的，但每种设计要求的认知程度会有所不同。

成年人类的标准身高范围介于7到9头身之间，宽度为两个头。儿童的身高根据年龄变化而有所不同，介于4到7头之间。

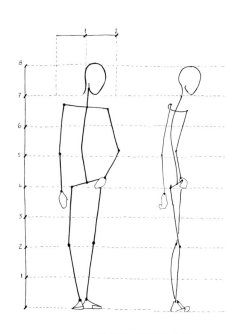

室内设计的基本范围

人物形象的描绘在室内设计中只是锦上添花的附加元素，由于画面本身的限制，无法达到更高的高度。学校的临摹作业和对街景的记录都是很好的练习。临摹杂志上出现的人物也很有帮助。室内设计师需要了解人体测量的基本方法，并对某些具体特征如年龄、身体缺陷、性别等多加注意，以便在进行设计时，使人物的大小符合周围的环境。建议准备一些介绍人体测量方法的书籍以便随时参考。

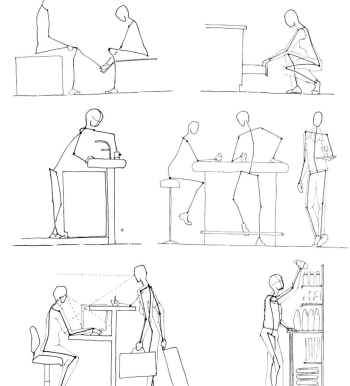

为确保成功的设计，设计师需要精确地了解所设计的东西要符合怎样的人体条件才能满足用户需求，而客户是对此最清楚的人。

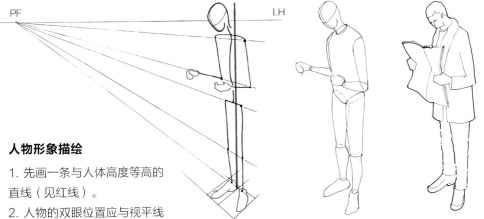

PF　　　　　　　　　　LH

无论大小如何，人物形象的透视画法都遵循一样的原理。

人物形象描绘

1. 先画一条与人体高度等高的直线（见红线）。

2. 人物的双眼位置应与视平线相同，除非我们画的是在升高或降低的平面上的人物。

3. 在这根线的底部，沿消失线方向画出鞋底。

4. 搭建"骨架"，尤其要对关节部分多加注意，它的消失线能帮助之后完善人物造型。

5. 画出身体各个不同部位的完整形状。

6. 根据人物大小和消失线的方向，为人物画上服装。

头部描绘

头部和下颌骨的方位标志着人物的注意力所投向的方向。其画法有以下几个特点：

1. 画人物的正面，其基本头型类似一颗鸡蛋的形状。如果画侧面，则由两个蛋形组成。

2. 双眼在脸部约一半的位置。

3. 双眼的位置与耳朵的上方等高。

4. 下颌骨位于耳朵的下方。

5. 寥寥几根线条就能大致表示出眼睛、嘴巴、鼻子和耳朵。

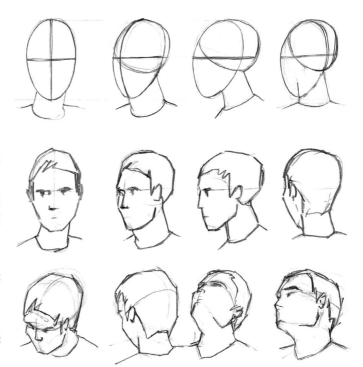

通常在设计工作进入尾声时，才会画完整的头部形象。

人物环境

人物形象的描绘可以是很粗略的，但必须确保符合比例，人物姿势自然，以防止人物形象变成单纯的图形符号。

二维视角中的人物

站立的人形对确认空间大小尤其有帮助。在应用时，要注意人物不能遮挡任何有关建筑的资讯。画面可以是很简单的，甚至仅仅只是一个剪影。在基画中看见人物形象是很少见的，因为这种视角很少见；不过，加入人物形象可以增添关于所设计场所的环境和人物活动信息。

站立的不同人物形象，画面比例在1:50到1:20之间。

在透视图中加入人物，有助于了解该空间的大小。

透视图中的人物的作用

在透视图中加入人物形象的不同作用：
◎ 从心理学角度来说，观察者会自觉分辨出画面中的人物，在视觉上打破画面的平面效果，使场景变得立体。
◎ 通过人物形象，可以判断出空间的大小。
◎ 丰富画面的层次感，拓展画面深度。
◎ 说明该空间的用途和内部所进行的活动。
◎ 使透视图变得更生动，更真实。

透视图中的人物形象描绘

在介绍的所有画法中，有两种透视图有额外的动态效果；然而，这些画法是脱离常规的。首先，我们需要考虑哪些元素能更好地在画面上反映环境，并根据这个问题的答案，配置对应的元素。为了加强画面的深度，我们可以交叠各个简化的人物形象。人物需要与画面中的物体有联系，融入整体环境，与整个空间相和谐。人物与画面元素的互动越多，画面的效果就显得越真实。

准备好测量工具，以我们自己作为模特，可以掌握所需要了解的任何关于人体测量的情报。比如，了解肩膀所在的高度，就能根据该高度设计一个接待处的展台。

Za-Koenji公共剧院门厅，伊东丰雄设计。画面中人物的服装，以及他们放松的姿态，表现出这是演出开场前的等待时间。可以注意到画面中有些人物的注意力所投向的方向甚至超出了画面，这种方式打破了透视图本身的界限，告诉读者在更远处同样有事情在发生，有值得注意的事物，尽管在画面中看不到。举例来说，有几个观众正看着剧院楼梯上方的方向。

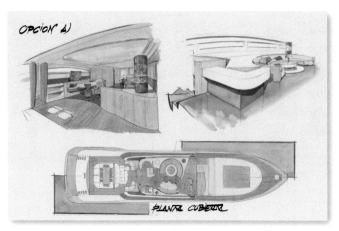

亚历杭德罗·米拉斯
92 英尺的游船码头设计稿
水彩与石墨铅笔绘制

着色技巧

设计师们通常习惯使用一种颜色作画，使用的工具也很单一：铅笔、细毡头笔，或两种工具同时使用。如果想描绘空间的体积和景深，就会使用不同的色调，通过阴影和反射等手段，展现空间的造型。

无论是描绘单色的画面，还是选择使用不同的颜色，所应用的色彩技巧都是相同的。使用单一色彩作画时，对所选择的作画工具会有更高的门槛。两种画法代表两种不同的表达方式。选用其中哪一种方式，取决于画面的目的：是追求使用单一工具的快捷性，还是为了让观察者能对画面产生更深入的思考；是因为确信一种画法比另一种来得更真实，还是担心无法充分反映画面中的细微变化，甚至只是出于某些个人的喜好。

彩色铅笔、水彩和水粉

上色的过程是通过光与影的应用，展示纹理、色调和细微变化的过程。色彩沿着平面的表面延展。也许掌控色彩的欲望，也是室内设计师如此频繁地在作品中运用缤纷色彩的原因之一。

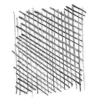

彩色铅笔

直接用彩色铅笔作画也是可以的，然而，室内设计师一般还是习惯先用铅笔打底，尤其是在创意阶段。

在这个阶段，设计师并不追求确定某一面墙壁的涂料或某块家具的零部件的准确颜色，更多的是要为整幅画面定型，强调阴影、对比、展现某种材料的特定材质，或强调突出其他出于某种理由想要强调的元素。

在效果图中，较少使用彩色铅

笔：这是一项精细的工程，要在细节上花费大量精力，如果需要覆盖大块面积，进度会很慢。

工作方法

使用彩色铅笔作画时，最初运笔几乎不花任何力气，然后通过重复线条或逐步加强笔触来展示色调。我们可以用彩铅展现非常微妙的色调效果，也可以用很简单的方式将色彩融合起来。

选择合适的纸张至关重要，看所用铅笔的功能：水溶性的和非水溶性的。要记住，有很多不同质地的纸张可供选择。

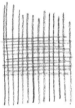

彩铅所画的
网格组合

一幢房子的客厅装修设计工程。用水溶性彩色铅笔绘制的透视图。在这项设计中，大厅的四周被布置成一座花园，环绕着中间的梁柱。四周的几面墙上装饰着各种花卉的图案。

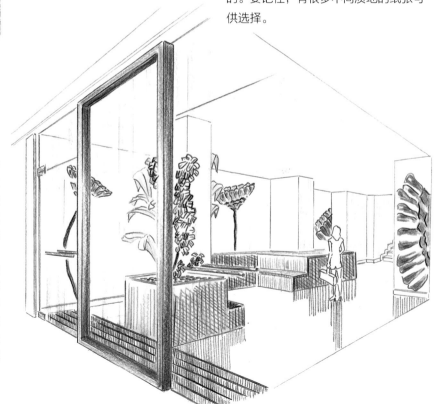

水彩和水粉的基础知识

这是另一种在设计项目中上色的经典方法。在开始工作前，要先做好以下准备，并在整个过程中持续提醒自己下列问题：

上色前的准备

◎ 水彩以其透明的特性而著称，因此需要清楚地明白光面、暗面、半影面的分布。划出色调最亮的区域（受光面），用留白来展现。

◎ 确认所选的纸张是否吸水。

◎ 用修正带标记画面中的修改，但这会使绘画的进度变慢。

◎ 有些细毡头笔的墨水遇水会融化。

◎ 开始作画前，确保颜料准备充足。

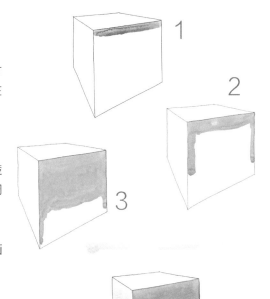

作画步骤

接下来，我们将总结水彩画，以及更广概念的所有水溶性颜料的作画方式。掌握顺序后，只需反复练习直至掌握该技巧。

1. 纸张要倾斜至30°左右，并分散放置，让水彩可以顺应重力自然滑动，流向我们想上色的地方。同时手拿一支未蘸水的毛笔，从一端到另一端画一条水平线。

2. 在水平线变干之前，用同一支毛笔，从上到下画垂直线，标出垂直面。

3. 回到水平线的位置，从左到右、从上到下刷上水彩。同时为垂直面上色，后者上色的进度总比前者更快。

4. 在一个平面上完成后，等该平面的水彩完全干透才可以继续画相邻平面；或在水彩干透后再上一层色，直到调出想要的颜色。

水彩和细毡头笔表现酒吧透视图。哈维尔·罗塞约设计绘制，巴塞罗那。

A

B

C

毡头笔：快速描绘

这是室内设计师最常用的绘画工具之一。用它可以轻松、快捷地完成工作，并创造出具有生动表现力的画面。

使用毡头笔作画，和使用其他任何一种绘画工具一样，尽管工具本身有特殊性，绘画的基本常识依然有效。最初开始工作时，这种工具强烈的风格可能会令我们产生疑虑，停滞不前；但一旦想通了上述原则，就能够自信地继续工作下去。我们的目标是用最自然的方式工作，每位设计师延续自己的风格，这样才能发挥出这种工具最大的潜力。

图层的重叠

这是用毡头笔工作的基础。我们所涂抹的每一层颜色被称为一个图层。随着图层的叠加，色调逐步变深直至饱和。同一种颜色能有4或5种不同的色调，根据不同的毡头笔和纸张性质而有所变化。如果想要展现剧烈的色调对比或突然的色调变化，需要在一层图层上覆盖另一个同样色调的图层，但选择的颜色更暗。

这项工作至关重要，通过图层的重叠，才能确定整个画面的形状，以此为基础区分不同的平面，创建它们的形状，并区分亮面和暗面的区域。

渐变

处在不同平面的色调变化描绘起来更加容易。而要在同一平面反映色调如何减弱则很困难。我们需要又一次地层叠图层，用同一种颜色快速地叠加图层，不要等墨水干透，以防色调分层过于明显。如果要展现大规模的色调渐变，需要更改颜色，在这种情况下，色差分层则是不可避免的。

A. 同一种颜色的渐变。
B. 不同颜色的渐变，没有叠加图层。灰色渐变从1到8。
C. 用同一种颜色重叠图层产生的渐变，其中有五种不同的色调。从画面中部的左侧开始，我们每加深一个色调添加一个灰度，渐变从1到5。

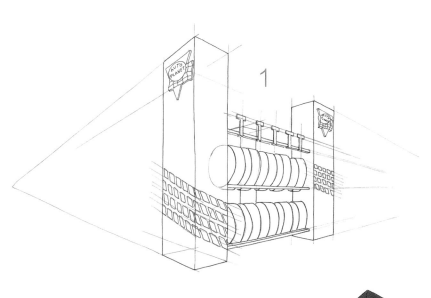

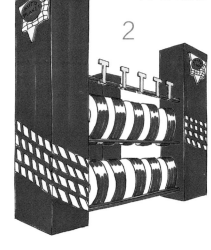

有些毡头笔有不同的笔尖，但在实践中很少因此受到影响。配合一个粗笔尖，我们可以画出粗细一致的线条。极细的笔尖用得很少，而且这种笔尖上色很容易干。这类毡头笔的优势在于它们能够更换笔尖，循环使用。

酒精颜料毡头笔，纸张的重要性

如果使用专业的毡头笔追求最佳光洁度，精挑细选所用纸张至关重要。一张普通的纸会吸收更多的墨水，因此会很难避免在线条上留下痕迹。使用光面纸的话就可以避免这个问题；纸张的价格差别不大，但区别却很明显。但如果还想追求更好的质量，或要将水溶性彩铅和毡头笔结合起来使用，需要使用特别定制的坐标纸。

1. 用铅笔打底，用细毡头笔描出轮廓。
2. 擦去铅笔的痕迹，涂上想要的颜色。
3. 换一支同样颜色但色调更暗的红色毡头笔，把吸收光较少的面（阴影面）和整体投影的阴影（反射面）涂暗。为Auto Planet公司设计的轮胎展示柜。

Chartpack马克笔

这种毡头笔可能是最引人注意的类型，而且性价比很高，持久耐用。如果我们用Pilot或类似品牌的细毡头笔绘画，再在上面用Charpack彩色马克笔上色，颜料不会弄花。要注意的是这些毡头笔的颜料会在一张普通的纸张上晕开，不过只要经验丰富，这个现象不会有太大影响；相反，使用光面纸的话，颜料就不会晕开。

如果在一种颜色上涂另一层，这个品牌所绘颜色的灰度是最不会弄脏画面的；也就是说，色调会变暗，但不会像使用某些牌子一样留下污痕。除了Chartpack之外，建议使用其他品牌都要注意不要把毡头笔放在垂直位置，不然笔尖会变干。为防止这种情况还有专门的支架售卖，有点令人难以理解。

用毡头笔和彩色铅笔绘制的一个日式房屋内一间带榻榻米的房间。

彩铅和毡头笔

使用混合媒介，能使画面看起来更精细。也许会因此损失一些毡头笔的鲜艳度，但却能将细节描绘得更入微。自然，画这样一幅画会需要更多时间，因此我们建议只在需要描绘精确细节时混合使用两种媒介，或至少是在想画一幅非常写实的画面时使用。

这种绘画方式可根据各人的喜好自由变化：无论是铅笔、细毡头笔，还是彩铅都可以勾轮廓。然后在画面上用毡头笔上色：选用墨水上色时要根据两种笔的数量和想表达的不同画面来判断：可以用大量的墨水涂掉原来铅笔的线条，直到用完毡头笔等等。别忘了工作时要选用适合的纸张。

1. 先用彩色铅笔画一盏灯；

2. 上色；

3. 用同样颜色的毡头笔加深；

4. 用细毡头笔描绘画面的轮廓，然后，加画底色。科德尔齐灯的分解绘画步骤，由何塞·安东尼奥·科德尔齐设计于1957年。

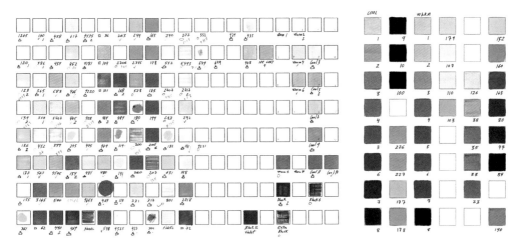

不同的品牌有不同的色卡

色卡

　　在绘画时备上一张标注了所有颜色和对应色号的色卡，将会大有帮助。因为毡头笔上所标注的颜色未必那么可信。有了色卡，就能免去反复确认颜色是否正确的时间。淡色和柔和的颜色在画面中运用得最多。建议每次至少要比较同一个色调的两种或以上的颜色。灰色分为冷色和暖色的不同层级。从数字1到8/10，每种分类中，层级1都是最弱的。浅灰色，尤其是1号层级，是运用最多的颜色。

工作步骤

　　用毡头笔画出轮廓后，一般都要再用另一支细毡头笔勾勒细化。如果画面比较繁复，我们会在上色前先完成这一步骤。这样，如果有什么问题，就有原稿可循了。接下来，可以复印、扫描或者打印原稿，但在任何情况下都要使用合适的纸张。

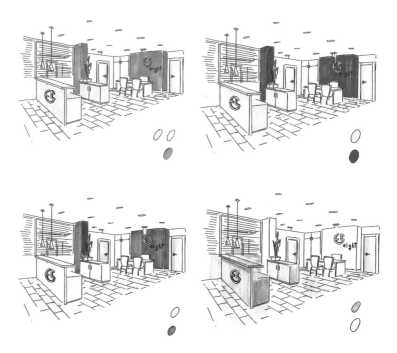

在一张画面的复印件上，尝试不同的上色效果。Eight公司的办公室设计项目。

大卫·奥尔特加

日本庭院图，纸本水墨

材质表现

　　每种材质都有其独有的特点，而不仅仅局限于外观上的不同。我们试图通过画面反映出每种材质的本质，不管所画的是一个简单的草稿还是一幅用于展示的透视图。为了追求高效和画面的生动，在本章节中所提到的很多材质都只用毡头笔绘制。画材质时要注意以下两点：首先，要专注于材质本身，将其视为独立个体，添加尽量多的细节，让画面更接近真实。为此，我们需要仔细对材质进行观察。然后，再观察这些材质的一些可行的应用：是用于基础结构、墙壁或地面的涂料、家具的零部件，还是作为一个单一元素而非整体。

　　有时候，需要回头细致地描绘材质形状的细节；而在另一些情况下，只需要用简单的形状和色彩来表示。在后一种情况下，只需确保画面适应整体空间，与周围环境相和谐。

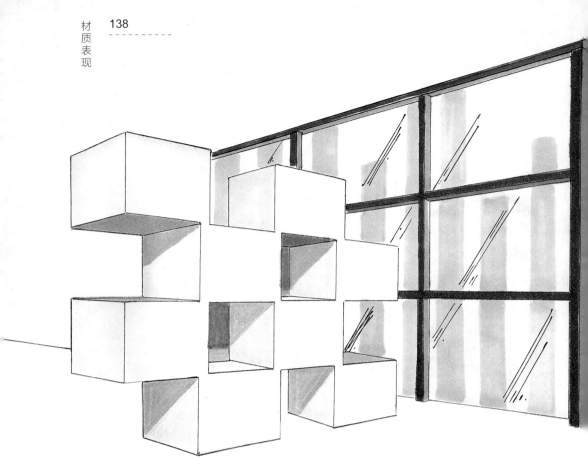

用石膏或石膏板做成的层叠的书架。在两种情况下，最后呈现的效果都是白色的画面。

石材

如果材质是构成整体的一部分，与它作为个体相比，表现方式会有变化。这种变化来自多方面的原因：比例、绘画方式、绘画风格，是将其刻意突出为主角，还是画作整体的一部分，空间的外表特质、或是展现该材质本身所具有的困难等。很难将这些理由根据其重要性分门别类，每位设计师都有自己的标准，要根据实际情况随机应变。

白色墙饰

这种情况画起来比较容易。假设在一张白纸上作画，受光的一面不用处理。其他各个面根据逻辑顺序，用灰色渐次打上阴影。一般先画水平面，然后是底部，最后画最暗的上部。

要记住灰色分成冷色调和暖色调两种，不建议在画同一种材质时将两种色调混合使用。

可见的混凝土中柱和悬臂，
正墙上铺的是天然石。

混凝土

从这里开始要介绍描绘材质时最重要的一点：吸收和反射光的能力，它会改变颜色和外观，不管该平面本身吸收了多少光。

这一特性取决于材质本身的反光性。混凝土材料表面是亚光的，缺乏反光能力。

液压马赛克

用液压马赛克铺就的地砖也是亚光的。这种材质是用混凝土生产的，在上面加压了一层颜色。通过在铺好的地板上打蜡，颜色和亮度都能得以加强。如果想保持这种特质，地板就需要定时上蜡，否则就会重新变成亚光的。

巴塞罗那埃桑普勒区一座现代建筑的装修项目。客厅的设计草图，壁炉上铺着大理石，地板建议用现有的马赛克地砖进行修复。

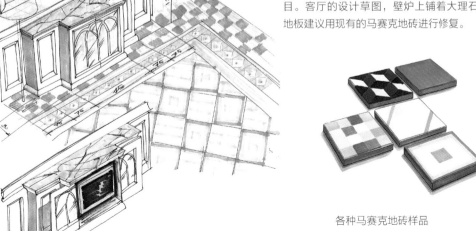

各种马赛克地砖样品

大理石和花岗岩

锯切、锤凿、打磨、铸造、抛光、增亮……这些是天然石的手段。每经过一层工序，坑坑洼洼的地方就会减少，石材受到更多保护，变得更为光亮。在画这些材质时，要抓准材质原始的颜色。有些情况下，我们建议不用统一的方法绘制，而是用深深浅浅的笔触，反映出每种材质外观的"水迹"和"纹路"。

最后，用更深的色调，突出对矿石的描绘，可以选用同一种颜色、不同的颜色或黑色。在绘画时可使用毡头笔、彩色铅笔或细毡头笔。

从细节描绘到纹理

随着画面越来越远，画法也越来越简单，同样的原理也适用于上色。在这张寺庙画中，在画面最前部的白色的平面下的砖块都被单独详细描绘，连砖块间的黏合层都画了出来。而随着画面渐远，砖块更多地只展现纹理和画细节时用的颜色，颜色可以相同，画法较粗略。

瓷砖

不同瓷砖之间的区别在于表面：是平整的还是带纹理的，是亚光的还是亮光的。如果表面是亚光的，最好不要留白，否则会让人误以为瓷砖会反光；相反，如果瓷砖表面是亮光的，就要留出白色，几乎总是垂直方向，来表现光面。

不同的砖块形状。
表面几乎都是亚光的。

一个寺庙的彩绘。根据距离画面位置的远近，画材料时会对应增加或减少细节的描绘。

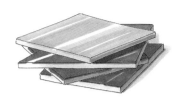

各种颜色的方形瓷砖，亮光表面。

在水平面上，画垂直线；相反，在垂直面上，线条的笔触要根据所绘对象的形状来决定，根据我们想突出的该空间的特点，来决定是水平方向还是垂直方向。

釉面砖和马赛克

我们介绍一种新的方法来绘制这种材质。这种方法的特点在于区分画面中的每一块，哪怕只是与我们所绘制的小小画面关系不大的一个小点。通过这种方法，能增强材质由许多拼块组成的感觉。

釉面砖是用瓷砖和大量玻璃组成的一种材质，表面光亮，能产生反射。要表现这种材质，先画出底色，同时留出垂直方向的缝隙；接下来，通过再次涂色，或换一种更深的色调上色，来展示每种颜色的特殊"笔触"。

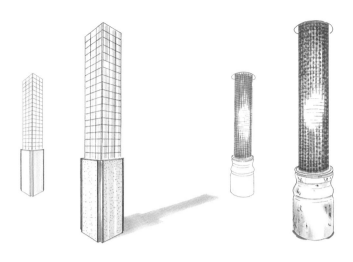

方形柱子，下部覆盖的是赛丽石和铝合金底板，上方覆盖的是瓷砖。

圆形柱子，底部覆盖的是花白大理石，上部覆盖的是釉面砖。

一个卫生间的装修设计，底板和墙壁上铺着瓷砖。

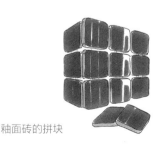

釉面砖的拼块

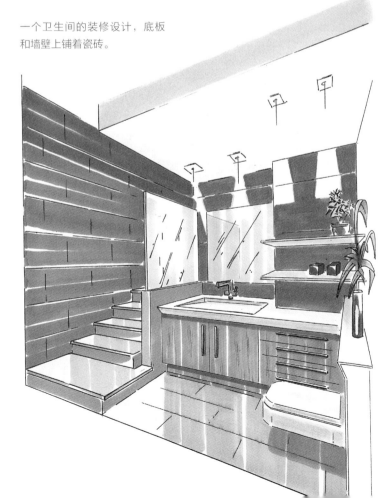

不锈钢洗手盆

金属材质和半透明材质

用毡头笔画金属材质和半透明材质非常容易。基本原则是，用黑色细毡头笔勾勒画面轮廓，并准备好画面留白。

金属

金属和其他材质一样，也有亚光和亮光之分。通常用暖色灰或冷色灰来表现，取决于金属本身所具有的颜色。

抛光或镀铬的金属表面更亮，能反射更多的光线和附近的物体。画这种材质和画反光面一样，要空出更多留白。反射的效果和镜子相同，可以用与被反射物体相同颜色的灰度来表现。在弧形的表面上，被反射的物体失去棱角，甚至无法保持原有的形状。

半透明材质

这些材质能容纳光穿过，但不能投射物体的形状。在下面这些表面中，白色的区域表示光穿过的路径。如果一个物体在半透明表面附近，我们会画出它的侧影，并用更浅的色调上色。

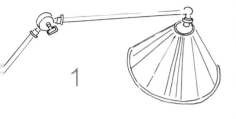

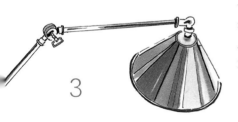

1. 画出底图，用黑色细毡头笔描轮廓。

2. 镀铬表面用不同的灰色上色，在旁边可以加上其他颜色，反映附近某些物体的倒影。在纸上留出一定的留白空间。

3. 用笔头稍粗一点的黑色毡头笔再描一次轮廓，反映对比。

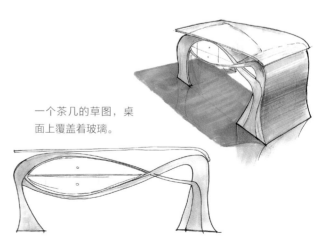

一个茶几的草图，桌面上覆盖着玻璃。

不同颜色的玻璃砖块

玻璃砖

　　玻璃砖有两种透明玻璃表层。它们的形状、颜色和表面纹理有多达数十种的变化。建议描绘时先用垂直的笔触画出线条，空出留白，然后再加几笔画每一块砖的个体，后面的工作能反映出玻璃砖的不同颜色和表面的不规则形状。

彩色玻璃

　　将玻璃拼嵌在一个框架内，用它来装点门、窗、建筑的正墙入口，等等。绘制时沿着组成画面的边线，将同色的玻璃组合到一起。上述边线取代了画中的侧影，因此是黑色的，用以映衬画面中的彩色。

　　当光线透过彩色玻璃时，半透明玻璃的颜色会降低饱和度。

　　画彩色玻璃时，建议在一张非常光洁的纸上绘画，才能突出毡头笔的亮度。

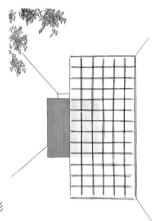

一堵玻璃砖墙，后面是一堵彩色的墙面。

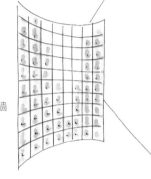

弧形玻璃砖墙

布雷根茨艺术馆的玻璃正墙（奥地利）。根据建筑师彼得·祖索尔的作品所画。

彩色玻璃草图

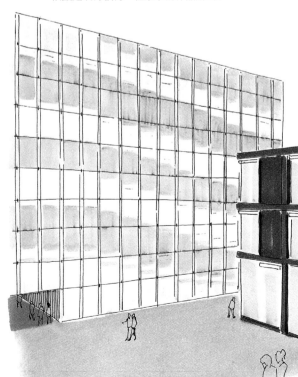

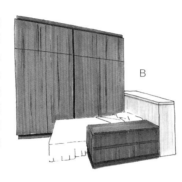

木材纹理剖析

在画木材纹理时，要了解所画的是哪种木材。在视觉效果上，最突出的特点是每种木材的颜色和它的纹路特征。

木材

根据想表现的木材样本的单种或多重颜色，来为画面上色。

通过反复重复的笔触，模仿木材的纹理。

如果使用多种毡头笔，要先从浅色的开始画，逐步加深色调。在这种情况下，不同的线条互相影响也没有关系。毡头笔可能会有一点点磨钝，但这正是我们所追求的效果。

有很多技巧来反映木头的纹理：有些技法很微妙，比如用色调更暗的彩色铅笔或细笔尖的炭笔加强画面。如果使用细毡头笔，木头会喧宾夺主，甚至使画面整体性受到"影响"。

总体来说，绘者还是要以自己的标准为先，毕竟绘者才是了解所画木材的材质、选择纸张来描绘材质的人。

画一个木头衣柜的两种不同的方法。用轻淡的线条和褐色毡头笔描绘（A），或用褐色毡头笔和黑色细笔尖描绘（B）。

一间耳房中的书房装修项目。（可以参考第70页和第71页的起居室平面图）

木地板

有两种画木地板的方式：单独绘画，一块一块地画；或用连贯的线条一口气描绘，不去考虑构成地板的每块木块的特征。

要一块块画地板的话，需要在每块木块之间留出一道白线。这种画法可能不符合实际的组合情况，画面中的地板会变得特别显眼。而用连续的线条绘画时，画法更为简单，也能更容易与画面上的其他部分融为一体。

在上述两种情况下，毡头笔的线条都要根据木块的走向走，画阴影时也是一样。

如果使用不同的毡头笔作画，将无法一次覆盖所有表面。在这种情况下，用不同颜色的小规模线条变化画面的色调，但不能影响整体效果。

法国巴黎蒙帕纳斯区一间房屋的装修方案。木地板全部用同一种方法描绘。起居室的入口处透进光线，产生出景深效果。

西班牙马塔罗区一间房屋的装修方案。在木地板上逐个为每块木块上色，色调不同，强调这种材料在画面中的重要地位。

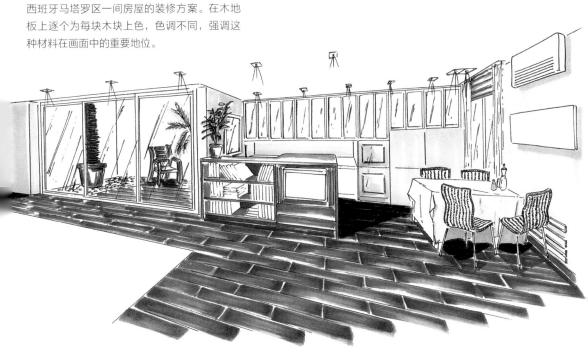

不同布料的靠枕的画法。

室内设计中的纺织品

在室内设计中，布料可以有很多用途。因此，在绘画时要注意每种布料的特性，并留意是否符合设计所需求的功能。在满足这些条件的情况下，在绘画中展示和应用这些材质就变得非常简单了。布料的材质能帮助反映我们所追求的环境氛围，以及在现实中的效果。

填充面料

这种室内装潢的特点在于能通过添加填充物来增加体积，通常通过一个按键能拉紧布料。在凹陷的位置颜色变深，因为它有褶皱，有阴影；相反，有填充物的表面要画得更精细，面积也更大，因为它是受光面，没有褶皱。有些布料还会反光。

绘画技巧

在这个例子中我们选了两类经典的家具。画切斯特沙发时，整个画面中都填满颜色。用各种毡头笔通过不同的笔触描绘，将凹陷处和坐垫位置的颜色加深。最后，用白色铅笔标出反光。而在画汉密尔顿椅时，反光处是事先留白，而不是画出来的；沿着留白从亮处到暗处，将颜色逐步加深。

在各种情况下，如果事先不考虑留白区域，工作进程多少会加快一些。确实，在完成这幅画面后再加留白总是更方便些。用不同的工具画反光，只要确保选用的工具合适即可。最常用的工具是彩色铅笔，可以有不同的硬度供选择。另一个选项是使用Tippex修正带或修正液。

切斯特沙发，染色皮套、木头和钉子做的沙发脚。

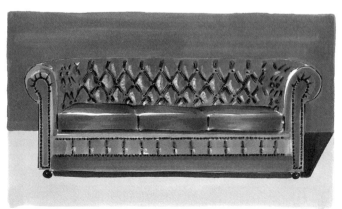

汉密尔顿椅，染色皮套、木头和钉子做的椅脚。

窗帘

通过绘画技巧，可以展示窗帘的不同缝制方式。要通过颜色来展现光线的影响，并尽量模仿布料的材质。窗帘最常见的组合是用两块布料组成：一块是衬里，较为厚重、不透明的布料，一般由绸缎、天鹅绒、提花布料、皮革等制作而成，通常人们喜欢比较鲜艳的颜色来表现；而另一块布料则是窗帘的花边，较轻薄、更透明，常用丝、亚麻、褶边的布来缝制，通常用浅淡的颜色绘制，画面上有许多留白，来反映它半透明的特点。当一扇窗或一扇门被窗帘或门帘遮盖时，还需要考虑被遮住的区域是否反光，以及哪些区域是半透明的。在这两种情况下，毡头笔的线条都可以表现出窗帘布料的形态和褶皱。

吧台后的窗帘，衬里
被挂起，花边被放下。

巴塞罗那一套房子的装修图。图中展示了长沙发的新沙发罩和窗帘与靠垫的布料。在正式装修前，如果能把选用的不同布料的实际效果和构想的位置预先表现出来的话，会有很大的帮助。

画面

雨果·安东尼奥·巴罗斯·达·罗查科斯塔
里约热内卢的一家甜点屋，铅笔绘制

中的环境

这里的环境是指画面中与设计项目本身无关的元素。它是设计师所呈现出的项目执行时的实际情境，同时，也有助于在项目建设前，预先展示出空间效果。

展示画面环境多数是面向客户而非设计师。不论对外部环境的描绘是多么简略，都要丰富画面，更好地帮助客户理解。

本书介绍的画面环境的描绘方式，目的都是尽可能地追求画面逼真，同时遵循比例尺概念进行缩放。通过对环境的描绘，可以呈现设计建议，同时检验这些元素的合理性。

在描绘我们所感兴趣的每个画面环境时，要注意比重的平衡，以防破坏空间的整体感和设计项目的主体性。

植物

直到几年以前，还有一种对西方建筑的特殊理解是将室内空间中的所有绿化去掉。我们在这里不会探讨绿化在居住空间中所扮演的重要角色，那与本书的主旨无关；然而，要注意的是在项目的草图阶段，就会出于不同的目的而用到植物。另一方面，在选择呈现项目的视角时，如果选择有植物出现，将有助于为画面增加更多的细节。

根据植物的特性制定轮廓造型。

植物的观察与分析

所有的植物都有一种既定的结构，通过在自然环境中的观察或是查看照片，我们可以了解它的构成。理解植物的特殊造型后，就可以通过不同的形式，自由地描绘。画面的描绘顺序应符合植物本身的自然生长规律，即是说，从地板到天花板，在空间中渐渐扩展。除此之外，通过了解植物在画面中的构成比重，以及每部分所占的空间，我们可以简化画法。

植物的比例

为了更有效率地描绘植物，需要事先规划好画面中的细节精确到何种程度。这与整体画面密切相联：缩放值越小，细节就需要描绘得越精确。同理，在透视中，植物处于画面中越深处的位置，细节就可以画得越简略。对植物的描绘必须服从于画面整体，也就是说，植物的画面感不能强过画面中的其他部分，尤其是那些重要的元素。

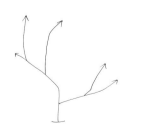

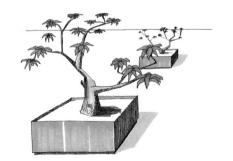

根据树的特性制定轮廓造型。

绘制植物的二维视角

其最大的特点在于植物所展现出的密集纹理。绘画时要牢记画面比例：画面越小，植物纹理也就展现得越少，画面中仅限于描绘其轮廓。

平面视角中的植物

每种植物都有其独特的纹理；但表现方式可以理解成符号性质的。另外，在描绘每种植物时也要反映出它们所占的空间。树木的轮廓与一个圆周形相似，可以通过或多或少的线条进行分割。如果选择画出更多的枝叶，需要从画面中心开始逐渐向外扩散，同时厚度要不断减弱。

侧视视角中的植物

植物通过细节特点反映其特质，比如说，不同种类的树木，其树冠与树干之间的比例是不一样的。不过在绘画时，通常会将树冠画成球形，然后从下向上，从里向外地扩展整个画面。

树冠一般画成球形，但不一定需要画阴影。

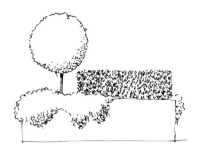

一个简单的植物纹理展现，不过要注意与画面其他部分相协调。

平面视角的树木与灌木的不同画法

通过画棕榈树的案例，可以清楚地看出画面如何从内向外扩展。

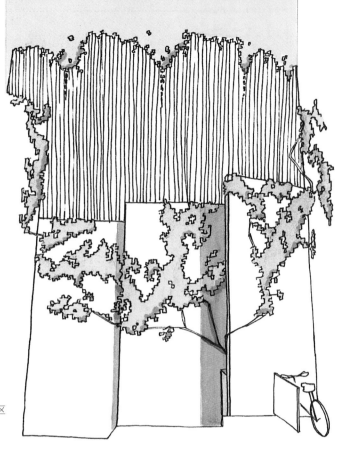

剖面图中的植物

　　在至少一部分情况下，空间的边缘正好与植物的轮廓重合。这样，直线条墙面的单调感会被打破。

植物透明化

　　如果想展示的空间内被植物遮挡了的部分，可以通过不同的方法去处理。我们可以先做不同的尝试，来调查哪种方式是最合适的，因为没有一种方法能够适用于所有情况。

巴塞罗那Rubi区一个小区内部庭院的装修工程。

巴塞罗那埃桑普勒区一处房屋的装修工程中，将植物透明化的实验。我们选择了在画面中家入一株不透明的植物，但只画出很少的细节，防止喧宾夺主。

在这个案例中，我们将叶子画成透明的淡灰色，以防影响景深。

植物的颜色

　　一株植物或一颗树中体积最大的部分是它的叶子。大部分植物的叶子的色调会根据方向朝外或朝里的不同而变化。除此之外，当叶子层层叠加时，它的色调会变暗；而相反，直接接受光源照射的叶子的色调会变亮，甚至可能会产生反光。在为这类画面上色时，需要时刻牢记这一点。如果使用毡头笔上色，需要叠加不同的图层，增加色调。从画面的底部以及最下方的区域开始画起，然后逐步向上扩展。随着画面距离中心越来越远，其色调也会逐步变明亮。

植物的位置

　　在室内空间中摆放植物可能会有不同的考量。设计师用植物来平衡色彩，或填充空间，或是为了强化色彩对比，还有是为了用一些自然元素点缀空间。任何一种目的都可以在画面中体现出来。

从这些植物的画面中可以看出反映每种植物姿态特点的重要性。

一个船商办公室的透视图。画面用细毡头笔画线条，然后用粗毡头笔上色。米戈尔·埃斯库德罗绘。

整体效果展示图

效果展示图的目的是将空间作为一个整体呈现。通常，会为此寻找一个全景透视视角，或寻找最商业化的视角。如果空间很宽阔，就要分割成好几张透视图或草图来呈现，从而囊括想要展现的所有区域。

通常，设计师绘制的草图和平面图是最终效果图的基础；不过，画效果展示图时，设计师必须要面对尚未处理的更多细节，并在工作过程中给出合适、准确的解决方案。在这种情况下，粗枝大叶的风格会显得不够有诚意。

巴塞罗那市中心一家面包房的装修项目全景图，装饰元素采用现代化风格。

全景图

这是客户期待想要看到的文件。一般来说，设计师会在项目说明的最后阶段才拿出全景图，就像藏在袖子里的一个小秘密。全景图能有效增强室内设计师与客户之间的互动：只要设计师的全景图画得一目了然、信息明确，全景图能够令双方都满意。

巴塞罗那一处住宅的装修项目。主卧的全景图，画面中央是一个大型的弧形床幔，由皮革制成。各面墙上则覆盖着玛丽梅科（Marime-kko）牌帷幔。

展示图

绘制展示图的方法有很多种，不过主要还是取决于每位设计师的个人风格。在进行这项工作时，要考虑项目的执行阶段是强调创意还是专注反映空间的整体，这是需要考虑的部分问题。

除了画面本身的不同，展示图的尺寸和使用的绘制材料也可以很不一样。一张尺寸缩水的展示图就等于浪费劳动力。有些设计师不习惯用大型的纸张作画，而选择将展示图画在一张小纸上，这样便于向不同的客户分别演示。另一种方法是把画稿裱在泡沫板上。

在呈现全景透视图时，可以配合其他类型的图来补充：如基面视角和侧面视角的透视图、剖面图、建筑细节图等。同时，也可以添加符号和标签来辅助说明。通过它们，可以使创意变得更为清晰，也能够更好地帮助观者产生更明确的空间概念。在解释一个方案时，从基本创意、整体情况到各种具体的细节，都要说得清清楚楚。

使用全景透视图时，需要配合其他图画作为辅助，补充画面中某些元素的细节。例如这张图中的吊灯设计，就是对上一页的面包店设计图的细节补充。

一家肉铺的全景透视图，米戈尔·埃斯库德罗设计。

按照"理想"的工作模式，对色彩的研究在项目初期就开始进行，是在创意构想时期就应该列入考虑的一大关键要素。但在具体工作中事实往往并非如此。在最初的草图中，设计师加入的色彩只是建议，而非最终的方案。常常会到了执行阶段，甚至项目已经进行了一半时，设计师才开始研究色彩。

色彩辅助

通过对自然环境的观察，能够找到可应用于室内设计的上色原理。我们可以以此参考同一个空间的两种不同的上色方案。根据最终结果，设计师要决定为自己的作品选用哪种方案，并事先为客户展示不同的色彩提案。

日本东京花园之春。
佩普·巴科拍摄。

根据日本花园的色彩，从彩色调色板中提取出的各种毡头笔的对应颜色。

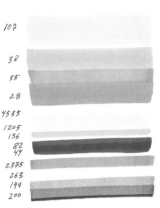

107
38
35
28
4555
1205
136
82
44
2375
263
199
200

色彩心理学原理

空间中的色彩组合由使用方式来决定。其对心理的影响一直至关重要，设计师有意识地在设计过程中参考色彩心理学，创造出特定的环境。如果为一个医疗中心提供设计，我们需要考虑拜访医疗中心的用户心理，以及周围的色彩环境会对他们造成的影响。毫无疑问，这一过程需要小心谨慎地处理，因为每个人对色彩的反映可能来源于不同的要素：文化、历史、时尚、个人经历，等等。

一个医疗中心的设计方案。入口处的全景透视图，使用了上图中根据日本花园的色彩，用对应颜色的彩色毡头笔绘制。

西班牙蒙塞尼森林中正在化冰的湖面。佩普·巴科拍摄。

观察自然环境，混合不同的色彩

一旦决定了在设计方案中想要使用的主要颜色，就可以开始在自然风景的照片中寻找对应的色彩。在本案例中，我们需要寻找两种配色：一种配色方案中含有一种或两种主要色彩；另一种方案则是这些支配色辅以其他对应的变色。这样，我们就有两种选择用于最终决策。每张自然风景的照片给人带来的感觉都是不同的。在色彩学上，参考自然的色彩搭配一般不会错，其色彩组合一般也不会产生误导。

从调色板中提色

这一步骤在执行上不需要非常精确。主要依据直觉判断来选色。如果使用毡头笔，就要找出每种对应的颜色，画一个或粗或细的色块，与照片中的色彩进行比对。可以将色彩根据色调分类。

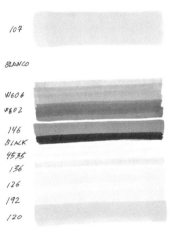

从调色板中选出每支毡头笔对应的颜色，参考蒙塞尼的地中海森林。

107
BLANCO
W606
W802
146
BLACK
4535
136
126
192
120

为画面上色

最后，为画面上色，留意在何处使用支配色，何处使用辅助色。

从另一个视角呈现的医疗中心的入口透视全景图，使用了从第二个自然色彩案例中提取的色彩，用对应颜色的毡头笔上色。

其他

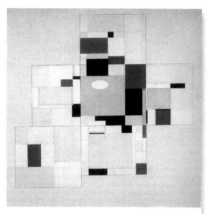

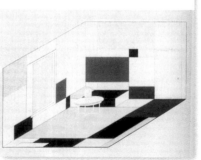

彼埃·蒙德里安
德累斯顿艾达·比纳特室内设计
「今日国际艺术」系列之一，1928

展示技巧

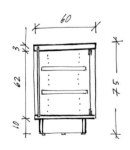

探讨这一主题的目标不是为了解释某种具体的技巧，鼓励室内设计师尝试新的技术，搁置旧方法或者将两者混为一谈。我们依然可以使用设计草图表现材质，用数码作品制造仿真效果，用视觉效果反映触感，等等。

可行的方法多种多样，但依然有待开发，因为在设计师的工作室，日复一日的工作常常会让惰性占上风，令设计师更依赖于过去的习惯，担心使用新的演示方式会导致失败。

然而，如果我们不仅仅满足于解释技术细节，而想更好地表达出情感与个人感受，我们需要对这些表达方式有更好的了解。除了传统绘画外，我们需要运用更多的元素。作为结论，本章节的学习目标是增加与客户之间的沟通渠道。

拼贴画，创意的集合

这种绘画技巧始于20世纪初期。主要的做法是将画面粘贴在照片、杂志或其他各种各样的材质上。

式。如果之后要将画面打印到纸上的，那么画面的精度就要高一些；如果只在屏幕上投放，精度可以低一些。

寻找素材

对室内设计师来说，在互联网上寻找设计元素比通过杂志寻找更为迅捷。我们可以使用所有适用于最后目标的素材：人物、家居、植物，等等。在寻找素材之前，我们要明确自己想要使用哪种呈现方

规划构建

首先要做的是规划项目执行过程中的所有步骤，以便最大程度地节省时间，取得令人满意的效果。举例来说，我们可以先用一块数码绘板绘制，之后再添入别的元素；或者先在纸上作画，然后扫描进电

夏洛特·比艾兰德于1929年为某个秋日沙龙制作的拼贴画。尽管物体的消失方向与空间本身不一致，但我们要记住在那个年代，技术资源还相当贫乏。

数码绘板绘制，家居素材来源于网络。画面选用了只有一个消失点的透视图，方便制作者调整画面中的元素。椅子试用了密斯·凡·德·罗的MR10号系列；路灯是阿切勒·卡斯蒂格利奥尼与皮埃尔·加科莫·卡斯蒂格利奥尼的作品。书架设计来自夏洛特·比艾兰德。

脑；或打印出所有素材，然后逐个粘贴到画面上，等等。一旦选好了所有素材，就要开始考虑它们的消失方向（参考"透视"一章）。如果所用的素材被拍摄下来时的视角不符合我们绘画时使用的视角，就要使用绘画软件调整消失方向，并进行剪切。如果需要的话，还可以复制这些素材，将其排列整齐，等等。

透视中的图形

在一幅画面中加入另一个画面是一项非常复杂的工作。如果随意乱涂，最终的效果可能与我们设想的画面相距甚远。如果提供图形素材的公司有版权要求，可以在画面上备注企业品牌。使用照片、插画等素材时也是同理。要注意的是这些图形素材可能会在画面中看起来喧宾夺主，这种情况有时候会令人不快，这取决于我们想要传达的具体内容。

图形设计师和出版商在为客户展示其作品时，使用非常先进的技术辅助。在他们看来，形式的创新至关重要。

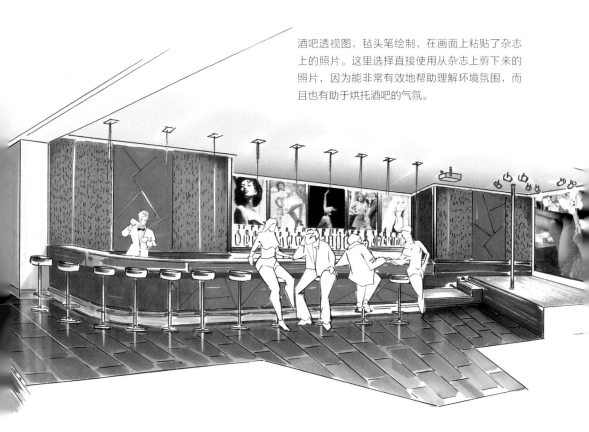

酒吧透视图，毡头笔绘制，在画面上粘贴了杂志上的照片。这里选择直接使用从杂志上剪下来的照片，因为能非常有效地帮助理解环境氛围，而且也有助于烘托酒吧的气氛。

用故事板介绍项目

我们在这里介绍室内设计师使用一种不常
见的实验性演示手法来介绍项目，这里用的是
故事板，一种结合商业绘画和电影艺术的
手法。

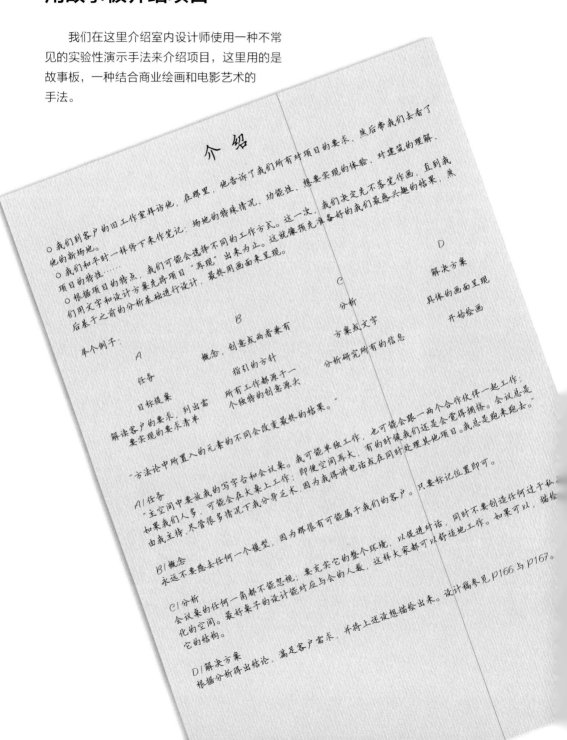

介绍

○ 我们到客户的旧工作室拜访他，在那里，他告诉了我们所有对项目的要求，然后带我们去看了他的新场地。

○ 我们和平时一样停下来作笔记，场地的特殊情况、功能性、想要实现的体验、对建筑的理解、项目目的特性……这一次，我们决定先不落笔作画，直到我们用文字和设计方案先将项目"再现"出来为止。这就像预先准备好的我们最感兴趣的结果，然后基于之前的分析基础进行设计，最终用画面来呈现。

○ 根据项目的特点，我们可能会选择不同的工作方式。

举个例子：

A	B	C	D
任务	概念，创意或者两者都有	分析	解决方案
目标提案	指引的方针	方案或文字	具体的画面呈现
解读客户的要求，列出需要实现的要求清单	所有工作都源于一个独特的创意源头	分析研究所有的信息	开始绘画

"方法论中所置入的元素的不同会改变最终的结果。"

A|任务
"主空间中要放我的写字台和会议桌。我可能单独工作，也可能会跟一两个合作伙伴一起工作；如果我们人多，可能会在大桌上工作；即便空间再大，有的时候我们还是会觉得拥挤。会议总是由我主持。尽管很多情况下我会分身乏术，因为我得讲电话或在同时处理其他项目。我总是跑来跑去。

B|概念
永远不要随意去任何一个模型，因为那很有可能属于我们的客户。只要标记位置即可。

C|分析
会议桌的任何一个角都不能忽视；要充实它的整个环境，以促进对话，同时不要创造任何过于私化的空间。最好桌子的设计能对应与会的人数，这样大家都可以舒适地工作。如果可以，描绘它的结构。

D|解决方案
根据分析得出结论，满足客户需求，并将上述设想描绘出来。设计稿参见p166与p167。

客户总会有一个商标或者标志，我们要将其融入设计本身。如果没有，我们可以提议一个，不是为了创建新商标，而是为了突出强调空间的所属。

建议用中性的大理石色框出所有入口处的轮廓，摆放位置高于正墙面3cm。照明问题用一盏鹅颈灯解决，照亮建筑内的一间工作室。其内部的乙烯基能够模仿光束的效果。文字用三维效果呈现。

这个pba标志的铁制把手，可以手动关闭，也可以自动关闭。从把手内部布线。

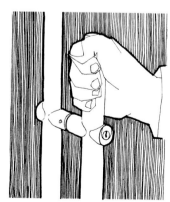

在前庭的这个主要视角下，地面是混用瓷砖和粉红色赛丽石铺成的，仿佛一条地毯，引领客人走向电梯，以防有人误上楼梯。

方法

在与客户初次会面、了解需要设计的空间情况后，我们要准备一份简报，列出需要考虑的所有客户需要，也就是记录下客户所有的要求；以这些图文为基础，创意才能成型。

我们选出随笔涂鸦、兴之所至的初步草图；在实验阶段，这些图纸提供了执行项目的信息。从中选出一些想法加以发展，最终将其排列成序。完成这些工作之后，草图将更有表现力，并能助力我们出色地介绍项目，帮助理解创意。

根据所用的方法不同，可能会需要一些文字材料来辅助画面，或用画面辅助文字，两者的界限也可能会很模糊。

入口处的门能够实现我们期望的效果：没有任何中柱，不会割裂视线，也不会隐藏建筑结构，然而，只能从里向外看。

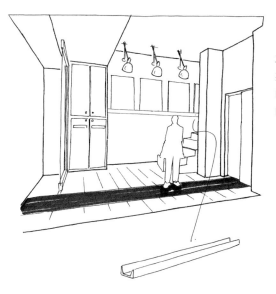

左侧视角：一根大梁坚固地支撑起空间，方便展示不同的设计项目。

故事板演示完毕，决定创意后，项目的基调也就定下来了。在这个阶段，除了准备其他材料，还要制作彩色的项目图，用来研究每个房间的颜色组合。

右侧视角：墙面上覆盖着一块巨大的、层叠图案的板，在客户的创意草图中就有这个设想，现在它被用来实现黄金分割。

目标

　　设计师经常会间接地需要解决一个工作中常见的问题：出于种种与设计师无关的外力因素的影响，设计项目的主要概念被修改。当我们的设计进行到半途，却有其他创意明显想要与之竞争时，我们的目标是要找到某种方式，用轻松的方法展现出整个项目的精髓，（以无声的方式）反映出主要的设计理念。为了展示出我们想要的物体和空间效果，需要描绘出物体或空间的使用者的使用体验。通过这些画面，我们可以比较真实地反映出设计的效果，但这些画面未必总能帮助使用者想象出自己在使用时可能会有的体验，因此我们也要加上文字说明，来向客户解释这种感受。

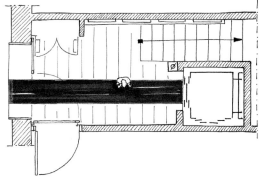

前庭平面图

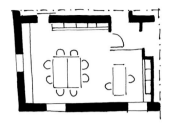

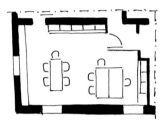

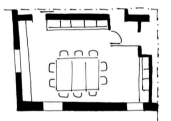

在故事板的表现方式中，我们可以放入客户的想法，如同一个可以切换开关的画外音：

"主空间中要放我的写字台和会议桌。我可能单独工作，也可能会跟一两个合作伙伴一起工作；如果我们人多，可能会在大桌上工作；即便空间再大，有的时候我们还是会觉得拥挤。会议总是由我主持，尽管很多情况下我分身乏术，因为我得讲电话或在同时处理其他项目。我总是跑来跑去。"

其他版本

根据设计师技巧的不同，故事板也可以画成类似漫画的风格，借鉴漫画的幽默感，利用一些特殊的代号，当然也要反映作者的个人风格。

很可能，这项工作的主要目的是将客户带入故事中，像是一个心照不宣的眨眼。不过我们不能忘记，使用这种方法的目的主要是为了展示项目，而不是创作一个故事。就如我们一开始已经记录下的，这种工作方式诞生于寻找新方法的需求。我们已经从中展示出我们向往达到的目标以及从中能够体验到的感受。在每个项目中，我们建议为了每个客户，根据本能来调整方案，并且建议每次由不同的设计师创作。

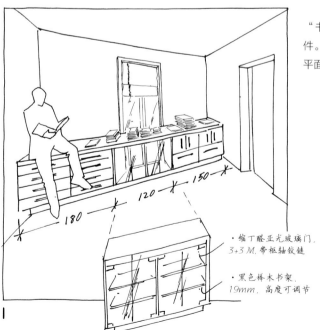

"书房里总是堆满了文件。我习惯工作时维持水平面的姿势。"

· 缩丁醛正光玻璃门，3+3 M，带枢轴铰链

· 黑色桦木书架，19mm，高度可调节

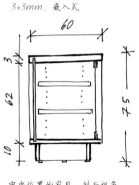

· 背面的透明玻璃，3+3mm，嵌入式

中央位置的家具，剖面视角

三张办公桌的设计，体积为180cm×80cm×74cm。

"我喜欢在温馨的环境下工作。希望在这里工作的人就像在家里一样。"

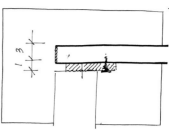

剖面图细节

A. 分层的基础为1mm。

B. 3mm榉木桌角，用机器磨平，染色并上漆。

C. 纤维板桌面。

D. 10mm的长条，分隔开桌面结构的顶部。

E. 翻转桌面，可填入白色的分层空隙间。

F. 其余部分使用单面榉木板，染色并上漆。

元素灵感

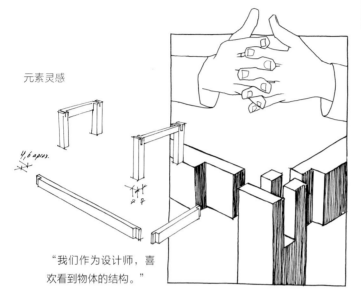

"我们作为设计师，喜欢看到物体的结构。"

"我们需要一个井井有条的书架体系；在上一个工作室，一整排书架非常醒目，形成了一堵墙。是的，真的会有这种情况。"

用钢板和链扣连起来再造的支架，能够调节书架的高度。根据Mecrimar厂商的T30模具设计。

完稿的书桌草图

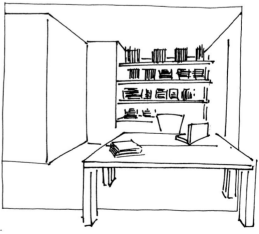

情景素描，窗边放着个人的书桌。

建筑图

无法描画出的事物就不存在。

——阿尔伯特·爱因斯坦（1879-1555），德国科学家

信息图纸

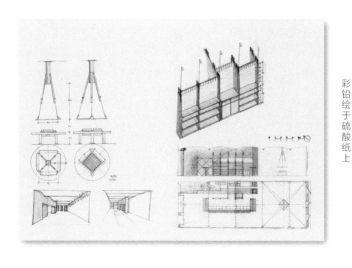

路易·坡—IDP工作室
手绘平面、正面、细节及透视草图
彩铅绘于硫酸纸上

行业沟通

　　这个阶段的绘画可以着眼于各种不同的创作方式，但其主要目的都是将工作内容精确无误地传达到各行各业（金属加工、木工、玻璃匠等）。与此同时，这些图画的绘制依然属于创作过程的一部分，因为在很多情况下，技术问题也需要利用一定的创造力去解决。与此同时，我们也可以把这些画展示给客户看，因为在传达这些要求的时候，这也成为了项目介绍的一部分。

　　在本章节中，将介绍室内设计师使用的立体图，通过所描绘出的这些画面，来寻找背后的意义。

同一物体，从下朝上看的视角与从上朝下看的视角。使用三向投影的画法来画一些不常见的视角会更方便。

立体图

这种展示方式将三维的物体放在空间内展示，同时精确地反映出各自的体积大小。

执行很简单，跳过了某些步骤，如二维透视图所需要的操作（消失点、水平线等等）。这种画法有助于设计师集中精力开发创意，同时用快速的方式，将想法付诸于画面。

立体图的展示性很强，有助于我们与各行业人士的沟通。此外，它的每个截面和断面都能简单地展示，细节清楚。

尽管我们可以省略一些老生常谈的解释，不过还是有必要将这种画法分为两组分别做个介绍。

垂直投影的立体图

在画这类画面时，首先要决定画面中的哪一面（或哪几面）是最主要的，根据其效果决定三条主轴的方向。这些主轴线可用来参考，确保绘画时线条之间的平行。在立体图中，一组平行线不管朝向是什么，都始终保持平行。

勒·柯布西耶的LC2，1928年。在第一个视角下，三个面在画面中的地位是均等的。在第二个视角下，正面与上方的画面比重远高于侧面。在最后一个视角下，展现得最详细的是正面和侧面。注意观察椅子的平行线组如何对应三条主轴（红线）保持平行。

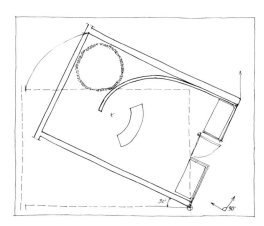

直角尺和斜角尺常被用来画立体图。如今，数码软件突破了这些工具的局限性，我们可以画出物体在空间中各个角度的画面。

侧向投影时的立体图

　　侧向投影时的立体图组建了一个理想的体系，能够突出强调画面中最重要的一个面。这一个面是一个二维投影，即一个水平面或正面视角等，立体图可以反映出该面的真实大小及比例。

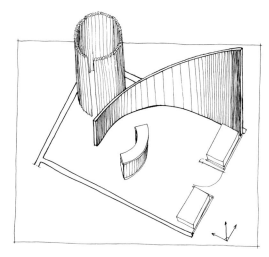

侧向投影的立体图因为画起来方便，常被用来描绘弧形面、复杂或不规则的画面。在这个案例中，画面转了30°，以便将立体面画得尽可能地具体。直线反映了空间维度，要注意这些线条应始终保持垂直，符合自然观察到的情况。

弗兰克·O.盖利的"弯曲椅子"。盘旋的线条降低了高度。其主轴线有时会让人产生视觉上的错觉，可能会因其暧昧的效果，影响整体观感。然而，我们依然可以从中感受到画面丰富的表现力，并从中感受到设计师强烈的个人风格。

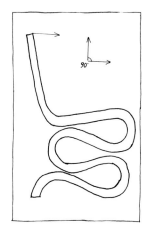

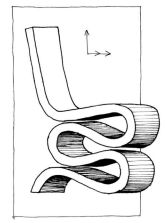

工作过程中的建筑草图

我们将这个阶段的工作列入总工程的一部分。当画完主要的画面（平面图、立面图，以及很有可能加上的一些整体空间图），不管是用草图还是效果展示图呈现出来之后，就要开始着手完成前期草案中所提到的各项工作。

当审视工作、准备完成设计项目时，需要列出所有的相关元素。其中的一项工作，是准备一份工程草案，辅以测量数据。其第一个目的是将项目分解成不同的部分，以便各个行业分工。然后，给每个行业的相关制作者提供所需要制作的部分的材料，包括一系列的平面图和全景图的复印件，如果对方感兴趣的话。

然而，有些部分需要发展得更加完善，还有可能需要解决一些技术问题。设计师通常会将特定的相关细节在建筑草图中标出，包括长度、标注、对成品的特殊要求，等等，这些资料最终会交给工匠参考。

我们通过制作一个楼梯的案例，来介绍这一阶段的工作。我们准备了一份备忘录，将各个工匠需要处理的工作分别标出。我们对这些内容进行了简化，以便囊括各方面的内容。

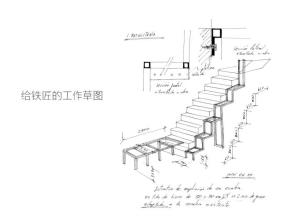

给铁匠的工作草图

泥水匠

从目前的楼梯中拆出14条大理石台阶，每条宽度为70cm。修补瑕疵，用水泥砂浆抹平水平表面。提供一批石膏隔离板，用它隔离遮挡铁栏杆，一直连到底楼的假天花板⋯⋯

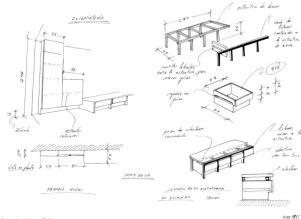

给木匠的第一份工作草图

铁匠

制作和组装一批30mm×30mm的管状结构，2mm粗，用来扩大楼梯的宽度⋯⋯

木匠

制作和组装放在楼梯下方的家具。用白色DM漆涂色⋯⋯

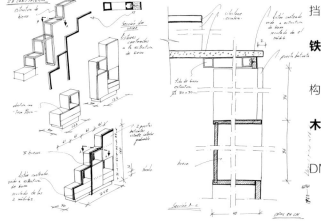

给木匠的第二份工作草图

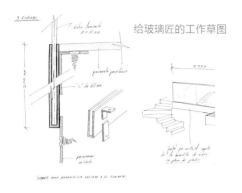

给玻璃匠的工作草图

玻璃匠

　　制作和组装10mm+10mm的玻璃栏杆，两块玻璃板的拼接体积为2.35mm×900mm……

石匠

　　在楼梯台阶上铺上赛丽石的大理石石英板，厚度为20mm。用水泥胶粘在楼梯踏板上。有两种组装方式：

　　小格的台阶，用Zeus的白色石料；

　　大格的台阶，用Gedatsu的棕色石料；

　　测量数据略。

　　根据上述的所有信息，各个行业的工匠可以评估自己的工作，并准备工作方案。如果通过，各个工匠将各自测量用料尺寸，并开始生产。此时需要考虑，是否需要提供建筑细节，来详细说明该模块的工作内容，协助工匠完成生产。

俯瞰视角

给石匠的工作草图

仰视视角

从建筑草图到建筑细节图

"草图"特指手绘的画面。如果要将其按精确比例转化，用来展示更多细节，我们将用直尺或定标器来作画，或使用CAD数码软件。通过这种方法制作出的新画面不再是草图。

何时将草图升级成等比例画面？

把草图按比例规范成新的画稿时，画面中的所有元素都要对应它的真实大小。首先我们要研究适合使用的比例尺，确保可以毫无障碍地在画面中展示出空间内的所有材料与细节。当我们需要非常精确的画面时，就要把草图改成等比例画面。

在建筑细节图中，我们用文字、画面或用插入副本的形式，标出各部分所有必要的建筑细节。

一个旅馆咖啡馆的设计项目。关于酒吧吧台的建筑细节。在这个案例中，因为画面被压缩，因此不再精准对应比例尺。

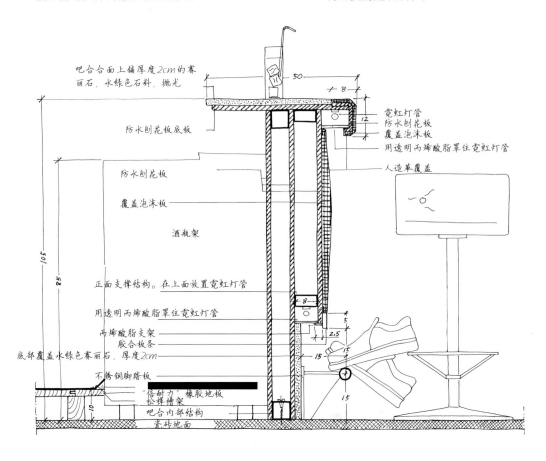

用建筑草图介绍项目

为了解决技术问题，很多这类草图在项目初期就开始画了。在这个阶段，这类草图开始承担起主要职能。通过它能够判断作品的质量和空间的特性。因为它具有这种重要性，室内设计师也会用它来描述项目；也就是把它当做效果展示图的一种。

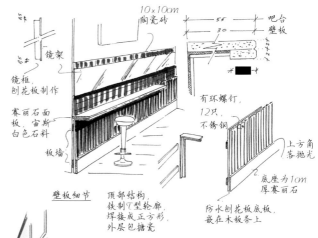

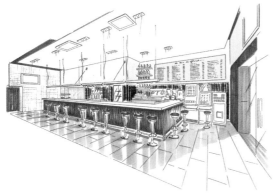

巴塞罗那"法兰克福热狗啤酒馆"设计项目。右侧是透视图，左侧是建筑草图。

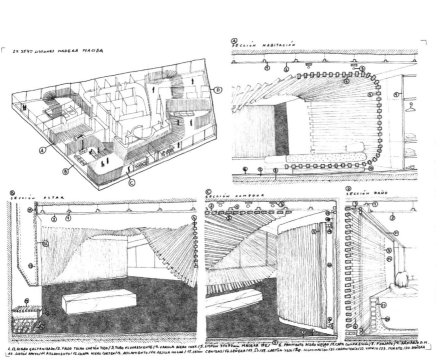

纳寇·托里维奥（External Reference 建筑事务所）。巴塞罗那胡安·卡洛斯一世皇家套房，2009年。用墨水绘于防油纸上。

其他

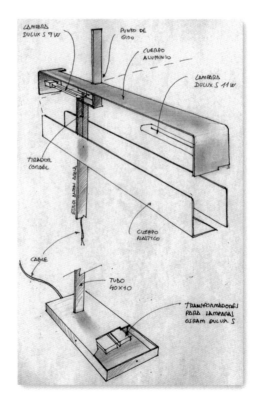

安东尼·阿罗拉工作室，作者乔迪·塔马约

陶·帕卢科灯设计，各部分零件草图，铅笔稿

设计类型

设计的科目之间没有明确的界限。因此，专业设计师的认知领域及范围也不受任何限制。在本章节中，我们将对室内设计与图形设计或工业设计有重合的领域略作说明。

在一些小型的项目，或预算极其有限的项目中，室内设计师也要负责完成图形设计和工业设计的工作。而在大型项目中，项目会覆盖多种设计领域，因此建议将任务分配给各自负责的设计师。在这种情况下，互相合作的设计师之间要使用同样的语言规范，才能确保沟通顺畅，确保大家都能对项目有正确的了解，而不至于将项目外传出去。如果对非本专业的设计术语和专业知识能够有所了解，也意味着对设计的理解更上一层楼了。

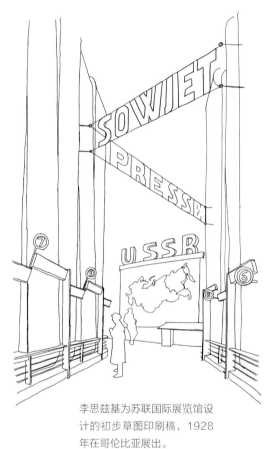

李思兹基为苏联国际展览馆设计的初步草图印刷稿，1928年在哥伦比亚展出。

在一个项目中，设计跨行业的现象其实很常见。但有时，分工会有重叠，室内设计师也需要参与图形和工业设计的相关工作。

室内设计中的图形设计

图形设计师、建筑师兼艺术家李思兹基是第一个发掘出图形设计的表现潜力的设计师。

注意事项

在画原稿时，就要对最终成稿的尺寸多加注意，以免发生意料之外的情况。一个在DIN A3或者Ledger大小的纸张上难以察觉的错误，在转化为墙面装饰时可能就会很严重。

字体

字的形状，即字体，尽管可以根据几种分类方法规范基本结构，然而仍有不计其数的细分方法，但要确保所有字母必须具有可读性。

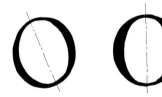

先决定中轴线，由此衍生出不同的字体。参见Centaur（前）和New Baskerville字体。

EFGH efghijxyz

| A |
| B |
| C |
| D |

Franklin Gothic Book字体

A. 大写上行线

B. X高度行线

C. 下行线

D. 底行线

字母，或者说单词，要沿下行线书写。在字母顶部的线高度与x高度相等。再往上就是大写字母的上行线，高出的字母部分和大写的字母与之等高。依此原理，在下行线下方还有底行线，向下书写的字母的超出部分写到此线为止。线条之间的距离与关系由不同的字体来决定。这里使用Franklin Gothic Book字体作为例子。

Rockwell

Garamond

Rotis semi

字母高出部分

衬线

无衬线

字脚部分

字体的分类有无数种。一种分类是根据字母的外缘特征：衬线体和无衬线体。

Bodoni

Helvetica 65

字体的对比在于垂直与水平字脚的粗细不同。参考Bodoni和Helvetica 65字体的不同。

Century

不同字体之间，字母的宽高比也不同。最宽的字母是"m"和"w"，最窄的是"i"。可以从Century字体中看出这一点。

Helvetica
Helvetica
Helvetica
Helvetica

一种字体通常会有至少三个版本：细体、正常大小和黑体（英语称为light、medium和bold）。现代的、常用的字体设计还会有更多版本，比如Helvetica字体。

字间距指的是两个字母之间的距离。由于字体的不同，同一个单词的字间距在视觉的填充效果上可能也会不同。这里以Perpetua和Helvetica 55字体为例。可以注意到Helvetica字体的"X"和"J"几乎要交叠到一起了，而"J"和"P"之间却分得很开。尽管两者的字间距是一样的。

Perpetua　　Helvetica 55

视觉填充效果主要影响上方或下方膨胀的字母（如"o""s""G"或"b"等），或者是超过上行线、下行线或x高的字母，这些字母的体积会膨胀。

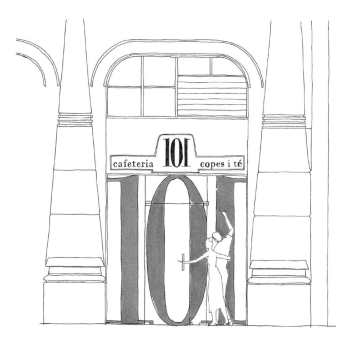

最近几十年来，图形设计在室内设计中的应用显著增多。这一现象缘于以下几个原因：图形设计操作便捷、投资极少、上手即用、信息全球通用、视觉冲击力强。

透视中的字体

字母的画法也要遵循透视的基本原则。最简单也是最好控制的情况是在透视图的同一个平面内画字母，而且是在于投影面的平面内。这一情况主要出现在二维视角的正面透视和侧面透视中。

巴塞罗那101咖啡馆设计项目。招牌用了一种少见的字体，因此使得Bodoni字体的细微特征变得更为明显。选用这种字体，是因为该字体的发明时间与大楼的建筑时间是相同的。数字"1"的角度进行了旋转，使得正面入口处的画面对称。外墙与招牌字体非常和谐。

我们可以画字体的透视图，但消失方向较难处理。我们可以用文字处理工具写下任何一个需要透视的单词来观察它的主要特征：宽/高关系、风格、衬线，等等。观察如何寻找单词"Restaurant"的平均值，用于画透视图。

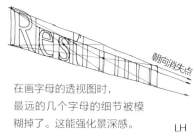

在画字母的透视图时，最远的几个字母的细节被模糊掉了。这能强化景深感。

LH

"捕鼠器"，由赧特·托兰与娜塔莉亚·涂蓓亚在巴塞罗那举办的一场家居装饰活动期间，设计的临时托儿设施。设计中使用了Helvetica Rounded Bold Condensed字体。注意画面中的"ra"和"tonera"分属于两个平行的不同平面，因此，向同一个消失点方向延伸。

PF1   LH

朝向消失点2

最简单的立体字设计是一个平行六面
体的造型。建议在绘画时不要考虑体
积，之后再进行压缩。

立体字

立体字是指那些有体积、字形压缩过的字体。在签名中，以及将字母当做雕塑一样的装饰品的情况中，这类字体用得很多。

在设计时需要研究好想要的深度，因为这类字体很容易变得不好辨识。

企业形象

在为一个企业开展项目之初，就要先了解清楚该企业是否有图形设计规范手册。如果有，申请一本副本，方便在工作过程中时时对照。在这种情况下，室内设计师在工作中涉及到颜色、商标、品牌标志、常用字体的设计时，都要遵循该公司的设计准则。

贾米·文森斯·比韦斯公共图书馆，西班牙Roses区，Zona Comunicacio工作室设计。"图书馆"（BIBLIOTECA）一词用细体书写。字母的方向齐齐倾斜，靠字脚支撑，模仿书籍排在书架上时倾斜的方式。但字母"A"和"Z"使用了有雕塑意味的大体积，表达了此处应有尽有。

Menu 1快餐店，瑞士苏黎世，Richtung工作室设计。商标可由一个文字元素（logo标志）、一个非文字元素或两者的组合来组成。画中两种元素组成了一个整体，不能分开。

工业设计

在20世纪工业革命时期，还不存在如今所说的工业设计师的概念。一方面，工程师虽然具有建造能力，却缺乏对艺术审美的教育熏陶和相关经验；同时他们也无法从当时的艺术潮流中汲取灵感。而且工程师并未与当代消费者进行深入沟通，不了解他们的需求。而另一方面，工匠们虽然拥有从过去数个世纪以来传承至今的工艺知识，却逐渐被工业化所淘汰，无法赶上潮流进步的速度。两个例外的案例是威廉·莫里斯和 Arts&Crafts 公司，这两者将工艺化为一种设计风格，一种理解设计、社会与生活的方式，直至今日，我们依然能从他们的作品中汲取灵感。

让·普鲁威标准椅草图，1934年。

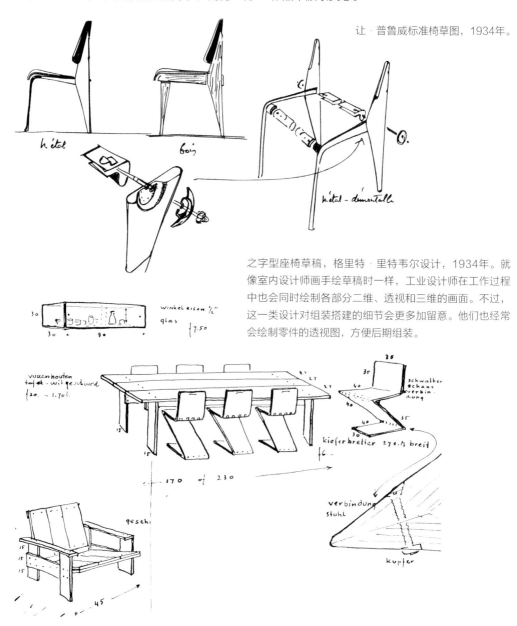

之字型座椅草稿，格里特·里特韦尔设计，1934年。就像室内设计师画手绘草稿时一样，工业设计师在工作过程中也会同时绘制各部分二维、透视和三维的画面。不过，这一类设计对组装搭建的细节会更多加留意。他们也经常会绘制零件的透视图，方便后期组装。

从批量生产的产品开始

有时候，由于种种原因，室内设计师需要使用行业中已有的批量生产的产品进行工作。在这种情况下，建议向生产商索要所有产品的组装图和常见规格尺寸资料，等等。

通常，金属制品会使用毫米作为长度单位。有些零件是批量生产的，有些则不是，需要在设计稿中用文字标明两者的区别，并加上所有缺失的细节，指出其造型方式（焊制、机械生产、拼装等），并标出连接处。

使用工业制品进行室内设计

通常，室内设计师的项目中会包括一些独特的设计物，但也会有一些常规的工业品，比如铁片等，在设计图中要标出这些工业品的名称。

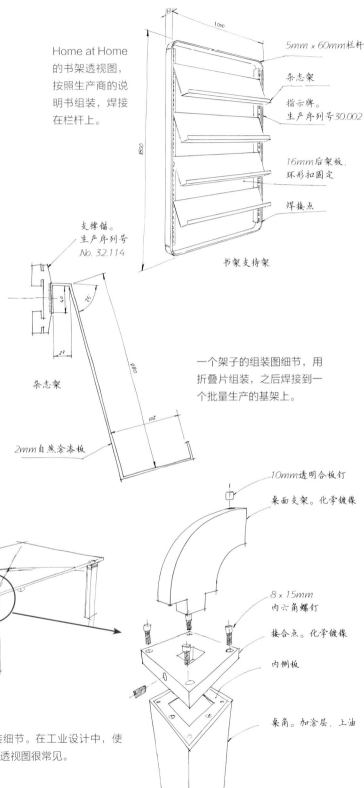

Home at Home 的书架透视图，按照生产商的说明书组装，焊接在栏杆上。

5mm × 60mm栏杆

杂志架

指示牌。生产序列号30.002

16mm后架板，环形扣固定

焊接点

书架支持架

支撑锚。生产序列号 No. 32.114

杂志架

2mm自然涂漆板

一个架子的组装图细节，用折叠片组装，之后焊接到一个批量生产的基架上。

10mm透明合板钉

桌面支架。化学镀镍

8 x 15mm 内六角螺钉

接合点。化学镀镍

内侧板

西班牙帕雷特斯的一处住宅中，某张桌子的透视图。

桌角。加涂层，上油

一个桌角的组装细节。在工业设计中，使用三个消失点的透视图很常见。

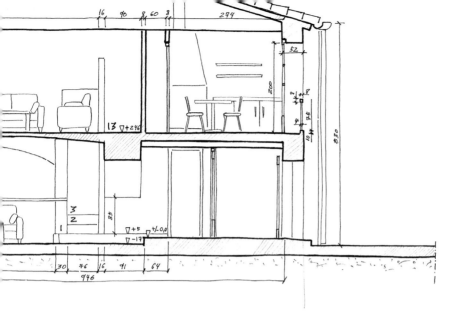

参考书目

• Munari, B., Diseño y comunicación visual.
Editorial Gustavo Gili, Barcelona (España), 1993,
ISBN: 84-252-1203-0

• D. K. Ching, F., Arquitectura: forma, espacio y orden.
Editorial Gustavo Gili, Barcelona (España), 1998,
ISBN: 978-84-252-2014-2

• D. K. Ching, F., Dibujo y proyecto.
Editorial Gustavo Gili, Barcelona (España), 1999,
ISBN: 978-84-252-2081-4

• D. K. Ching, F., Diccionario visual de arquitectura.
Editorial Gustavo Gili, Barcelona (España), 1997,
ISBN: 978-84-252-2020-3

• D. K. Ching, F., Manual de dibujo arquitectónico.
Editorial Gustavo Gili, Barcelona (España), 1999,
ISBN: 978-84-252-2021-0

• Neufert, Ernst, Arte de proyectar en arquitectura.
Editorial Gustavo Gili, Barcelona (España), 2002,
ISBN: 978-84-252-2051-7

• Julián, F. y Albarracín, Jesús, Dibujo para
diseñadores industriales. Aula de Dibujo Profesional.
Parramón Ediciones, Barcelona (España), 2007,
ISBN: 978-84-342-2798-9

• Panero J. y Zelnik, M., Las dimensiones humanas en
los espacios interiores. Editorial Gustavo Gili, Barcelona
(España), 1997, ISBN: 978-84-252-2174-3

• Panofsky, Erwin, La perspectiva como forma
simbólica. Tusquets Editores, Barcelona (España), 2008,
ISBN: 978-84-8310-648-8

• Porter, T. y Goodman, S., Manual de técnicas
gráficas para arquitectos, diseñadores y artistas.
Editorial Gustavo Gili, Barcelona (España), 1985,
ISBN: 978-84-252-1149-2

• Delgado, Magali y Redondo, Ernest, Dibujo a mano
alzada para arquitectos. Aula de dibujo profesional.
Parramón Ediciones, Barcelona (España), 2006,
ISNB: 978-84-342-2549-7

致谢

A nuestros padres. Y a todas aquellas personas estimadas que siempre nos animaron.

A Miguel Escudero, allí donde esté, porque al verlo dibujar dibujamos y gracias a ello aprendimos lo que sabemos.

A Marià Vilaró, demiurgo de diseñadores.

A Mª Elena Mora, dispuesta siempre a ayudarnos.

A los estudiantes de diseño de interiores del Istituto Europeo di Design, de Barcelona, por sus ganas de ver esta obra, contribuir con la realización de ejercicios y explicaciones experimentales, ceder sus dibujos…,

y en la dirección del área de Design a Horge Pérez, Joana Lliteras y Eduardo Castañé por haber confiado en nosotros.

A todos los profesionales que nos han apoyado y han colaborado cediendo sus dibujos.

A Mabel Barba, que siempre la encontramos cuando la necesitamos.

A Parramón Ediciones, por apostar por este libro y en particular a Tomàs Ubach, por su paciencia, comprensión y entrega en todas las circunstancias.

A Guillem Carabí, por contribuir con sus acertadas y exquisitas apreciaciones.

A Maurici Casasayas, por las mil cosas en las que nos ha ayudado, antes y durante el proceso del libro.

A la papelería Vicenç Piera por proporcionarnos el material de dibujo para ser fotografiado.

Por último, nuestro agradecimiento a Emilie Lerin por sus múltiples correcciones y a todas aquellas personas queridas que han sufrido un año de abandono, en especial a Agnès y Laia, Emilie y Guillaume, porque sin su apoyo no hubiésemos realizado este libro.

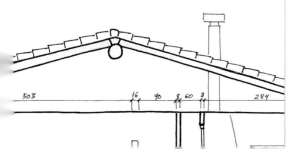